dtv
premium

Für Elisabeth
zur Einstimmung
in ihr Studium.

Weihnachten 2009

Oma und Papa

Auf den Spuren genialer Forscher und Erfinder

Das Buch zur ZDF-Reihe ›Terra X‹

Herausgegeben und mit einem Vorwort
von Günter Myrell

Deutscher Taschenbuch Verlag

Ebenfalls im Deutschen Taschenbuch Verlag erschienen:
Terra X. Große Mythen (dtv 24647)

FSC
Mix
Produktgruppe aus vorbildlich bewirtschafteten Wäldern und anderen kontrollierten Herkünften

Zert.-Nr. GFA-COC-1298
www.fsc.org
© 1996 Forest Stewardship Council

Der Inhalt dieses Buches wurde auf einem nach den Richtlinien des Forest Stewardship Council zertifizierten Papier der Papierfabrik Munkedal gedruckt.

Originalausgabe
Januar 2009
Deutscher Taschenbuch Verlag GmbH & Co. KG, München
www.dtv.de
Lizenz durch: ZDF Enterprises GmbH

Umschlagkonzept: Balk & Brumshagen
Umschlagbilder: akg-images (oben), gettyimages/E. Philips (Mitte links) und ullstein bild
Satz: Greiner & Reichel, Köln
Gesetzt aus der Plantin 9,75/11,5
Druck und Bindung: Kösel, Krugzell
Gedruckt auf säurefreiem, chlorfrei gebleichtem Papier
Printed in Germany · ISBN 978-3-423-24706-1

INHALT

Vorwort

ERFINDUNG ALS ABENTEUER

Den einen brachte die Liebe zu seiner Mutter auf den Erfinder-Weg, den anderen die Unterdrückung durch einen übermächtigen Geschäftsmann, den Dritten die innere Überzeugung, ein gewaltiges Problem seiner Zeit lösen zu können und den Vierten schließlich der unbändige Drang, für alles, womit er unzufrieden war, etwas Besseres zu entwickeln.

Keinem von ihnen bereitete das Schicksal ein leichtes Leben. Über weite Strecken waren Geldsorgen und oft familiäre Tragödien die Begleiter. Gegner und Konkurrenten versuchten, sie mit üblen Machenschaften zu Fall zu bringen und sich ihrer Verdienste zu bemächtigen. Doch niemand konnte es verhindern, dass am Ende großartige Erfindungen in die Welt kamen und sie grundlegend veränderten.

In vier Dokumentarfilmen hat sich innerhalb der Reihe ›Terra X‹ die ZDF-Redaktion Geschichte und Gesellschaft mit dem Kölner Filmproduzenten Axel Engstfeld auf die Spur genialer Forscher und Erfinder und ihrer bewegenden Schicksale begeben, um herauszufinden, was damals tatsächlich geschah und zu welchen Folgen diese Erfindungen für unser heutiges Leben geführt haben. Die Beiträge in diesem Buch vertiefen die spannenden Hintergründe der Ereignisse aus den ZDF-Filmen.

›Verrat in Triest‹ erzählt die abenteuerliche Erfindung der Schiffsschraube und das Schicksal des Österreichers Josef Ressel, der getrieben war, ständig etwas zu erfinden – übrigens auch das Kugellager und die Rohrpost. Bereits um 1812 herum beschäftigt er sich mit der »Schraube ohne Ende zur Fortbewegung von Schiffen«. Doch als er Erfolg versprechende Experimente unternimmt, stößt er auf den Widerstand von Schiffseignern und Reedern, die an den gängigen Segeln und Schaufelrädern zum Antrieb ihrer Schiffe festhalten. Intrigen bringen ihn an den Rand seiner Existenz – und schließlich machen ihm sogar andere seine Entwicklung der Schiffsschraube streitig, die die Schifffahrt bis heute revolutioniert hat – und ohne die selbst modernste Antriebssysteme nicht denkbar sind.

›Stahlhart zum Atlantik‹ berichtet von der Geschichte der Ölpipeline, deren Erfindung zu den größten Leistungen des Ingenieurwesens im 19. Jahrhundert zählt. Es ist gleichzeitig die Geschichte des jungen Ölproduzenten Byron Benson, dem es gelingt, gegen alle Intrigen und Sabotageakte sowie den Widerstand des mächtigen Ölmagnaten John D. Rockefeller die neuartige Ölpipeline fertigzustellen. Damit beginnt der harte Erdölwettlauf zu den Häfen am Meer. Ein erbitterter Kampf, der schließlich zu einem gigantischen Verteilungsnetz für diesen Stoff führt, der unsere Gesellschaft antreibt. Stetig wird das Netz ausgebaut, über und unter Tage oder in den Tiefen der Weltmeere.

›Kampf um den heißen Draht‹ öffnet ein Hauptkapitel aus der Geschichte der Informationstechnologie: die Erfindung des Telefons. Auf der einen Seite steht Alexander Graham Bell. Bewegt durch das Schicksal seiner gehörlosen Mutter arbeitet er unermüdlich an der elektrischen Übertragung von Sprache. Auf der anderen Seite stehen der Erfinder Elisha Gray und der größte Weltkonzern der damaligen Zeit, die Western Union Telegraph Company, die mit allen Mitteln versuchen, Bell seine Erfindung streitig zu machen. Es ist ein harter Wettlauf, an dessen Ende der Durchbruch der umwälzenden Entwicklung des Telefons steht und Alexander Graham Bell als Sieger hervorgeht.

›Sieg der Feuermaschine‹ lässt die Erfindung der Dampfmaschine lebendig werden und verfolgt, wie James Watt nach Jahren entbehrungsreicher Arbeit und harten Rückschlägen diese Kraftmaschine zur technischen Reife bringt, die einen gewaltigen Umbruch in der Menschheitsgeschichte bewirkt und die industrielle Revolution im 19. Jahrhundert erst möglich macht. Ein Weg voller Opfer, im ständigen Kampf gegen Neider, Konkurrenten und Spione vieler Länder, die mit allen Mitteln die Konstruktionsgeheimnisse in ihren Besitz bringen wollen. Ein Kampf, den Watt am Ende besteht: der Mann, ohne dessen Werk unsere moderne Welt von heute nicht denkbar wäre.

Es sind vier spannende Abenteuer aus der Technik- und Wissenschaftsgeschichte bei denen man in diesem Buch hautnah miterleben kann, wie es zu den umwälzenden Errungenschaften kam, und was die Erfinder damals alles erlebten.

Günter Myrell

Christian Heynen

VERRAT IN TRIEST

Das Händeschütteln will kein Ende nehmen. Diejenigen, die ihn noch vor wenigen Tagen verspottet hatten, sind jetzt dieselben, die ihm fest auf die Schultern klopfen. Ihm, dem kaiserlich-königlichen Marineforstintendanten in Triest, der sich gefälligst auf seinen Beruf und nicht auf seine Erfindungen konzentrieren solle, wie seine Vorgesetzten immer wieder betont hatten. Das alles scheint aber an diesem Sommertag des Jahres 1829 vergessen.

Vor wenigen Stunden haben sich 40 Ehrengäste, darunter hohe Beamte, Vertreter von Polizei, Magistrat und Wirtschaft, an der Triester Reede eingefunden und sind an Bord seines Schiffes, der »Civetta«, gekommen. Ein Schiff, das mit 18 Metern Länge und dreieinhalb Metern Breite auf den ersten Blick wie viele andere in dem bedeutenden adriatischen Seehafen aussieht. Doch an den Seiten fehlen die üblichen Schaufelräder, obwohl es offenbar mit einer Dampfmaschine angetrieben wird. Denn es raucht aus dem Schornstein. Nachdem die Taue gelöst sind und der Kessel der Dampfmaschine noch einmal angeheizt worden ist, legt Ressel einen Hebel um. Und plötzlich nimmt das Schiff Fahrt auf, wie von Geisterhand geschoben.

Das Geheimnis liegt unter der Wasseroberfläche verborgen. Ressel hat eine neue Antriebsart entwickelt, die den Druck der Dampfmaschine optimal in eine Vorwärtsbewegung übertragen soll: das »Spiral«, wie er es nennt – die Schiffsschraube.

Seit Jahren hat er für die Verwirklichung seines Traums gekämpft, hat sich mit Konkurrenten und Vorgesetzten angelegt, hat durch Betrüger fast alles verloren. Jetzt endlich will er der Welt beweisen, dass seine Erfindung hält, was sie verspricht: die Zukunft des Schiffsantriebs und eine technische Revolution zu sein.

Hinter der »Civetta« zeigt das aufgewühlte Kielwasser, dass

Hafen von Triest

Ressels Geburtshaus in Chrudim

sich Ressels Schraube dreht, dass sie das Schiff tatsächlich rasch vorwärtstreibt. Die staunenden Gäste beginnen zu applaudieren, als Ressel aus dem Maschinenraum an Deck kommt. Schon hebt der Direktor der Schifffahrtsakademie zu einer Lobrede an – da zerreißt plötzlich ein Knall die Luft. Rauch quillt aus dem Maschinenraum, das Schiff verliert an Fahrt und liegt auf einmal still auf dem Meer.

Ressel ist verzweifelt. Die Dampfmaschine hat versagt. Er hofft, dass dieser Fehler der Vorführung seiner Schiffsschraube nicht schadet. Aber so freundlich und begeistert alle vor wenigen Minuten noch waren, so schnell schlägt die Stimmung um. Obwohl das Versagen der Dampfmaschine mit seinem »Spiral«

Kein Schiff ohne Schraube

Dem weltweiten Seeverkehr kommt in unserer globalisierten Zeit eine immer größere Bedeutung zu. Jährlich steigt das maritime Handelsvolumen. Tausende Schiffe kreuzen permanent auf den Weltmeeren, bringen Rohstoffe, Waren oder Passagiere an jeden Küstenflecken unseres Planeten. In Meerengen, wie dem Ärmelkanal oder der Straße von Malakka zwischen Singapur und Sumatra, drängen sich die Ozeanriesen im Minutentakt aneinander vorbei.

Alle diese Schiffe haben eins gemeinsam: Sie besitzen eine Schiffsschraube als Antrieb, welcher die Kraft der Dieselmotoren in Vorwärtsfahrt überträgt. Jedes motorisierte Schiff unserer Zeit besitzt eine Schiffsschraube. Es existiert noch keine Alternative dazu. Was vor fast 200 Jahren, nach der missglückten Jungfernfahrt der Civetta, als Fantasterei abgetan wurde, ermöglicht heutzutage erst den globalen Warenaustausch über große Entfernungen.

Wie abhängig Nationen vom Seetransport sind, verdeutlichen fol-

nichts zu tun hat, geben die Anwesenden ihr die Schuld. Für sie steht jetzt fest, was sie schon immer sagten: Die Schiffsschraube ist völlig untauglich und wird niemals Erfolg haben. Doch Ressel schwört sich, er wird ihnen das Gegenteil beweisen.

Josef Ludwig Franz Ressel, wie er vollständig heißt, ist an jenem Unglückstag gerade 36 Jahre alt. Am 29. Juni 1793 wurde er im böhmischen Chrudim geboren. Sein Vater stand zu jener Zeit als staatlicher Mauteintreiber im Dienst der Habsburger.

Josef Ressel kommt schon früh in den Ruf, strebsam und fleißig zu sein. 1812 besucht er die Wiener Universität. Auf seinem Stundenplan stehen die Fächer Chemie, Naturgeschichte, Landwirtschaft, Staatsrechnungswesen und vor allem Technologie. Er ist davon begeistert, wie sehr Maschinen den Menschen die Arbeit erleichtern. Unablässig kreisen seine Gedanken um Erfindungen, die der Menschheit dienen könnten. Aber seine Mittel sind begrenzt. Von seinen Eltern erhält er jeden Monat eine kleine Unterstützung. Mit Nachhilfestunden und Zeichenarbeiten verdient er sich etwas dazu.

Viel kommt dabei nicht zusammen, doch er leidet nicht unter den bescheidenen Lebensverhältnissen, die er sogar regelrecht zu zelebrieren scheint. »Man kannte Ressel nur in einem und

gende Zahlen: 20 Prozent des deutschen Exportvolumens aus dem Jahre 2005 wurden über das Meer abgewickelt. Mehr als die Hälfte des Rohöl- und ein Drittel des Kohleimports erfolgten durch Schiffe. Allein in deutschen Häfen werden jährlich über zehn Millionen Menschen auf Fähren und Passagierschiffen abgefertigt – nur ein Bruchteil der jährlich fast 70 Millionen Reisenden, die in Deutschland das Flugzeug besteigen, aber immer noch eine beeindruckend hohe Zahl. Trotzdem bleibt die Personenschifffahrt, abgesehen von immer mehr in Mode kommenden Kreuzfahrten, im globalen Schiffsnetz eher marginal. Handel und Warentransport stehen nach wie vor im Vordergrund.
Der Transport zur See ist sicherer und vor allem preisgünstiger als jede andere Variante. Das zur Zeit noch größte Containerschiff der Welt, die 398 Meter lange »Emma Maersk«, kann 11 000 Container in ihrem Stahlrumpf aufnehmen.

demselben schwarzen Rock, mit dem er in seiner Kanzlei, bei Vorstellungen, auf Reisen – und im Walde erschien. Sein steter Begleiter waren ein rother Bauernregenschirm und seine Schnupftabaksdose«, schreibt ein Zeitgenosse.

1813 erhält Ressel aus seiner Heimat erschütternde Nachrichten, die sein Studentenleben abrupt beenden. Seine Familie ist aufgrund von Geldschwierigkeiten nicht mehr in der Lage, ihm etwas zukommen zu lassen. Ohne die Unterstützung kann Ressel jedoch die Ausbildung an der Wiener Universität nicht weiterfinanzieren und muss seine Studien an den Nagel hängen.

Da keine Aussicht besteht, dass sich an der Notlage etwas ändern könnte, entschließt sich Ressel, in den staatlichen Forstdienst einzutreten, um dort sein Auskommen zu finden.

Im 19. Jahrhundert besitzt der Beruf des Försters einen ganz besonderen Stellenwert. Der österreichische Wald, der immerhin 13 Prozent des Landes bedeckt, ist Eigentum der Habsburger Dynastie und wird durch kaiserliche Beamte verwaltet, die im Volk hohes Ansehen genießen. Um einen qualifizierten Nachwuchs heranzubilden, war die Mariabrunner Forstakademie gegründet worden.

An dieser forstlichen Alma Mater Altösterreichs bewirbt sich Ressel. Aufgrund seiner erstklassigen Zeugnisse von der Wiener Universität ist er sehr zuversichtlich, angenommen zu werden. Und er hofft inständig, eines der begehrten Stipendien zu erhalten. Doch nach einem ersten Gespräch wird er mit der Begründung, er sei zu schwach auf der Brust, abgewiesen. Ressel ist aufgebracht. Er wolle schließlich nicht selbst Bäume fällen, sondern sein Kopf sei bei der Arbeit gefragt.

So rasch will er nicht aufgeben. Wenn ihn die Forstakademie von sich aus nicht annehmen will, dann muss er einen anderen Weg dorthin finden. Vertrauensvoll wendet er sich an einen Freund der Familie, Johann Jellinek, Kammerdiener seiner Hoheit Kaiser Franz I. Aber Jellinek gibt Ressel klar zu verstehen, dass der Kaiser ungern Beschwerden über seine Beamten hört. Er selber müsse beweisen, dass er es wert sei, in Mariabrunn aufgenommen zu werden, dass er besondere Fähigkeiten und Ausdauer besitze.

Ressel denkt tagelang nach, wie er den Kaiser beeindrucken kann. Schließlich nimmt er ein Mikroskop und zeichnet die Völkerschlacht von Leipzig en miniature nach, in der eine europäische Heeresallianz ein Jahr zuvor Napoleon eine empfindliche Niederlage beigebracht hat. Mit dem bloßen Auge ist kaum etwas zu erkennen. Aber unter dem Mikroskop sieht man detaillierte Einzelheiten, darunter auch den Kopf des Kaisers.

Über den Kammerdiener bekommt der Kaiser Ressels Präsent und ist beeindruckt. Der junge Mann erhält eine Privataudienz. Demütig beantwortet er die Fragen des Kaisers, wie er die Zeichnung angefertigt habe, woher er komme und was er vorhabe. Auf die letzte Frage hat Ressel gewartet. Er trägt seinen Fall vor und seinen Wunsch, unbedingt als Förster in des Kaisers Dienst zu treten. Franz I. imponiert die Forschheit des 21-Jährigen. Er ermöglicht es ihm, an der Forstakademie zu studieren, und gewährt ihm aus seiner Privatschatulle sogar ein Stipendium.

In den zwei Jahren, in denen Ressel zu einem Mitglied der grünen Gilde ausgebildet wird, beweist der junge Mann, dass er nicht nur als Protegé des Kaisers dort studieren darf, sondern dass er auch große Fähigkeiten besitzt. In seinem Abschlusszeugnis aus dem Jahre 1816 steht: »Er hat sich durch ein sanftes, gefälliges, sittliches Betragen, durch unermüdliche, fleißige Anwendung seiner glücklichen Talente ausgezeichnet.«

Diese positive Beurteilung erhält Ressel, obwohl er auch während seiner Ausbildung durchaus gewillt war, es mit den Vorgesetzten aufzunehmen, wenn er sich benachteiligt fühlte. Als z. B. die Verpflegung in Mariabrunn während seines Studienaufenthalts immer schlechter wurde, verfasste er kurzerhand ein Beschwerdeschreiben an den Oberhofmeister: »Wenn man die Zahlung mit dem Werthe der elenden und ungesunden Kost, welche die Unterzeichneten erhalten, vergleicht, so entsteht eine Differenz, die außer der Grenze der Billigkeit und Redlichkeit fällt, eine wahre Schande der Kochkunst und ein Meisterstück der Kargheit und Unbilligkeit.«

Er bewegte 41 Akademiker dazu, seinen angriffslustigen Brief zu unterschreiben. Den 42. scheint der Mut gerade in dem Moment verlassen zu haben, als er unterzeichnen wollte. Nur ein einzelnes »J« zeugt von dem inneren Kampf, den wohl die Angst gewonnen hatte. Ressel hingegen scheut sich nicht, für sein Recht einzutreten und dafür zu kämpfen. Seine Unterschrift prangt am Kopf des Schreibens.

Nach seinem Studium hält sich Josef Ressel einige Monate

Kaiser Franz I.

Stadt und Hafen Triest zur Zeit Ressels

mit Kalligrafie- und Zeichenarbeiten über Wasser, bis ihm eine Stelle als Distriktförster im Bezirk von Pletterjach in der Unterkrain angeboten wird. Jahresgehalt 700 Gulden. Kein üppiges Einkommen, aber eine Summe, von der er bescheiden leben kann. Der Kaiser hat wahrscheinlich auch bei dieser Stellenvergabe seine Hände im Spiel. Denn kurz darauf schickt Ressel an die Adresse der Habsburger Residenz ein weiteres Schlachtengemälde en miniature. Diesmal die Schlacht von Aspern, in der 1809 die österreichische Armee Napoleon geschlagen hatte.

Die Zeichnung ist so elegant, dass der Kaiser Zweifel an Ressels Urheberschaft hat. Es kommt zu einer weiteren Privataudienz, in der Ressel sein Zeichengeschick demonstrieren muss. In einer Ecke seiner »Micromalerei« hat Ressel eine kleine Widmung verewigt. Vor den Augen des Kaisers soll er nun seine erste Soldquittung ausfüllen, damit er die Handschriften vergleichen kann. Als Ressel zu schreiben beginnt, ist der Kaiser zufrieden. Die Schriften stimmen haargenau überein.

Franz I. ist abermals zutiefst von den Fähigkeiten des jungen Ressel beeindruckt und versichert, ihn im Auge zu behalten: »Rechtfertigen Sie durch Treue und Eifer das Vertrauen, das ich in Sie gesetzt habe«, sind die Worte des Herrschers zum Abschied. Eine schwere Bürde, die Ressel schon bald in Konflikt mit seinem leidenschaftlichen Erfindungsdrang führen wird.

Ressel scheint 1817 in eine prächtige Zukunft zu schreiten, auch wenn ihm seine Vorgesetzten nicht unbedingt wohlgesonnen sind. Als er sich an seinem neuen Amtssitz meldet, wird er mit den wenig schmeichelhaften, auf seine etwas schmächtige Statur anspielenden Worten empfangen: »Das ist ein sehr kleiner Waldmeister!« Ressel pariert gekonnt: »Tut gar nichts: Sie werden bald erfahren, dass dieser kleine Waldmeister groß genug schreiben kann.« Als Förster erwirbt sich Ressel schnell einen exzellenten Ruf. Er vermisst und kartografiert mehrere Distrikte seines Einzuggebiets, legt Straßen an, hegt den Baumbestand. Täglich bricht er von seinem Amtssitz, einem alten Kloster, zu Ausritten auf. Manchmal reist er tagelang umher, bevor er, oft durchnässt und durchfroren, zurückkehrt.

In der Bevölkerung ist er schnell geachtet und angesehen, denn ihm fehlen die Arroganz und Selbstherrlichkeit, die das Markenzeichen vieler anderer Beamter im Staatdienst sind. Überall zeigt er großes Verständnis für die Nöte der einfachen Menschen, was dazu führt, dass man sich bald die tollsten Geschichten über ihn erzählt.

So sei Ressel einmal von Räubern überfallen worden, die ihm sein Dienstpferd wegnehmen wollten. Da habe er gesagt, dieses Pferd würde im ganzen Distrikt sofort erkannt. Sollten sie es stehlen, könnten sie genauso gut direkt ins Gefängnis gehen. Die Räuber seien ohne Ressels Pferd abgezogen, hätten aber seine Uhr und seine Geldbörse mitgenommen. Obwohl der Verlust für ihn sehr schmerzlich gewesen sei, habe er den Diebstahl nicht angezeigt, weil er gewusst habe, wie arm die Leute in der Gegend sind. Bald darauf habe Ressel des Nachts Rufe vor seinem Haus gehört. Es seien die Wegelagerer gewesen. Sie hätten nicht gewusst, wer er sei, und wollten ihm seine Sachen zurückbringen, seien ihre Worte gewesen. Weil Ressel befürchtet habe, in einen Hinterhalt geraten zu können, habe er entgegnet, sie sollten seine Sachen unter einen Baum legen und dann wieder gehen. Als er vorsichtig nachgesehen habe, habe er tatsächlich seine Uhr und seine volle Geldbörse unter dem Baum gefunden. Genau in diesem Moment soll sein Haus eingestürzt und er somit nur knapp dem Tod entkommen sein.

Ob es sich wirklich so zugetragen hat oder nicht, es verdeutlicht die Wertschätzung, die Ressel von den Leuten entgegengebracht wird.

Trotz seines beachtlichen Aufgabenkatalogs findet Ressel auch Zeit, seiner wahren Leidenschaft nachzugehen: der Technik. Ständig macht er Verbesserungsvorschläge, versucht jede Aufgabe zuerst selbst zu erledigen, um die nötigen Handgriffe zu erlernen, bevor er sich daran setzt, nach Möglichkeiten zu suchen, wie sich diese Handarbeit durch Maschinenkraft ersetzen lässt.

Eine seiner ersten Erfindungen ist ein neues Vermessungsinstrument, der »Teleometer«, wie er es selbst nennt. Ressel findet damit allerdings keine Beachtung. Von einem Forstbeamten wird nur erwartet, dass er seine Arbeit erledigt, und nicht mehr. So ist Ressel mit seinen Verbesserungsvorschlägen bei den Vorgesetzten bald als Störenfried verschrien.

Im Rahmen seiner Arbeit kommt Ressel erstmals mit der Marine und dem Meer in Berührung – wenn auch nur indirekt. Der Eichenbestand seines Waldes dient als Holzreservoir für die kaiserlich-königliche Marine. Vor allem Krummhölzer für Kiel und Spanten sind gefragt. Es gilt, Bäume ausfindig zu machen, aus denen man diese Bauteile direkt heraussägen kann. Später einmal wird Ressel ein Verfahren erfinden, mit dem aus geraden Holzstücken durch Wässern und Erwärmen Krummhölzer geformt werden können. Zu seiner Anfangszeit als Förster gibt es jedoch noch keine andere Möglichkeit, als mit natürlich gewachsenen Krummhölzern zu arbeiten.

Welche immensen Mengen an Holz für nur ein Segelschiff dieser Zeit gebraucht werden, zählt der Bericht des österreichischen Marine-Oberkommandos aus dem Jahre 1855 auf: »Eine Fregatte bedürfe zum Neubau 70 000 Kubikfuss, für Reparaturen während 25 Jahren 30 000 Kubikfuss Holz. Ein solches Schiff werde in 150 Jahren sechsmal gebaut und sechsmal erhalten, es benötige also in 150 Jahren 600 000 Kubikfuss Holz oder 12 000 Stämme, im Durchschnitt 80 pro Jahr, wozu bei den rigorosen Anforderungen 240 Joch gutbestockten Eichenwaldes erforderlich seien.«

Ressels Aufgabe, Holznachschub für die Marine zu organisieren, nimmt an Bedeutung zu, als er 1820 zum Vizewaldmeister befördert und ein Jahr später nach Triest versetzt wird. Triest ist zu dieser Zeit neben Venedig der einzige große Seehafen der Habsburger an der Adria. Ressel muss die Holzvorräte in seinem neuen Marinedistrikt berechnen und für termingerechte Lieferungen nach Venedig sorgen. Sein Gehalt steigt von 700 auf 800 Gulden im Jahr. Das versetzt ihn auch in die Lage, im Oktober 1821 zu heiraten. Seine Frau, Jakobine de Orebich, hat er auf einer Dienstreise kennengelernt.

Auch in Triest, wo er die nächsten 14 Jahre wohnen wird, lässt ihn seine Erfinderleidenschaft nicht los. Dabei sind es manchmal spontane Erlebnisse, die ihn inspirieren. Nachdem er beispielsweise einmal miterlebt hat, wie ein Pferd durchgegangen ist und fast ein Kind zu Tode getrampelt hat, erfindet er ein Werkzeug, das an den Zügeln angebracht wird und das Durchgehen verhindern soll.

Jetzt, da er am Meer wohnt, wird er bald noch auf einen ganz anderen Missstand aufmerksam, den er unbedingt beheben will.

Um auf dem schnellsten Weg von Triest nach Venedig, der altehrwürdigen Mittelmeermetropole, zu gelangen, stehen dem Reisenden nur zwei Möglichkeiten zur Verfügung. Entweder mit dem Segelschiff »Corriera« oder dem Raddampfer »Carolina II.«. Letzterer gehört dem englischen Geschäftsmann William Morgan, der das verbriefte Recht besitzt, als Einziger diese Strecke mit einem Raddampfer betreiben zu dürfen. Ein lukratives Monopol für Morgan, für die Passagiere aber mitunter eine strapaziöse Angelegenheit.

Was bei ruhiger See noch eine angenehme Reise ist, wird bei Sturm zur Tortur. Ressel selbst erlebt, wie der Raddampfer schwer in der rauen See stampft. 19 Stunden lang müssen er und die anderen Passagiere auf dem Schiff ausharren, das kaum vorwärtskommt. Auf die Frage, warum sie nicht schneller führen, bekommt er die Antwort, man fahre nur halbe Kraft, weil ansonsten die Schaufelräder von dem starken Wellengang zerschlagen würden. Gerade jetzt, wo sie so viel Kraft brauchten wie möglich, um gegen den Sturm zu bestehen, müssen sie aufgrund der zu schwachen Konstruktion darauf verzichten. Der Kapitän versucht krampfhaft, sein Schiff gegen den Wind zu halten. Bei Seitenwind bieten die Radkästen zu viel Angriffsfläche, drücken es in die Schräglage und hebeln ein Rad aus dem Wasser.

Viele der durchnässten Passagiere beschweren sich, nachdem sie wieder in Triest festen Boden unter den Füßen haben, fordern Schadenersatz und drohen mit Klagen. Ressel hingegen eilt gedankenversunken nach Hause. Es muss doch einen Weg geben, die Schiffe besser vorwärtszutreiben.

Ressels Gedanken kreisen nur noch um die Frage, wie ein neuer, besserer Schiffsantrieb beschaffen sein könnte. Da kommt ihm eines Abends im Jahre 1825 die zündende Idee.

Als er eine Flasche Wein öffnet und den Korken wieder von dem Korkenzieher herunterdreht, sieht er die Lösung auf einmal vor sich: Eine Spirale, eine Schraube könnte einen Schiffskörper voranbringen, indem sie sich durch das Wasser dreht.

Eine kontinuierliche Bewegung, die vollständig unter Wasser stattfinden müsste, unbeeinflusst von Wind und Wellen.

Je mehr Ressel darüber nachdenkt, desto mehr Ideen hat er, die er mit seinem zeichnerischen Talent sofort dokumentiert. Voller Enthusiasmus wendet er sich damit an Triester Kaufleute und Reeder. Er ist sich sicher, seine Vorstellungen werden dort auf großes Interesse stoßen. Doch Ressel hat sich getäuscht. Seine Erfindung sei nett, aber wohl kaum praktikabel, teilt man ihm mit, und was verstehe ein Förster überhaupt von maritimen Fragen.

Auch bei William Morgan wird Ressel mit seiner Idee, das Schaufelrad beim Raddampfer durch eine Schraube zu ersetzen, vorstellig. Doch Morgan will ebenfalls nichts davon wissen.

Seefahrt früher

Die menschlichen Bestrebungen, das Meer zu erobern, reichen weit in die Steinzeit zurück. Die erste Bootsform wird der Einbaum gewesen sein: ausgehöhlte Baumhälften, die auf dem Wasser treiben und mit Paddeln vorwärtsbewegt werden. Es folgten Flöße aus aneinandergebundenen Ästen und Stämmen, dann in den ersten Hochkulturen des Zweistromlandes und am Nil Schilf- bzw. Papyrusboote. Allen diesen archaischen Wasserfahrzeugen war gemeinsam, dass sie nur durch Muskelkraft angetrieben wurden.

Ab 5000 vor Christus setzte sich in Mesopotamien der Einsatz des Segels durch. Die Windkräfte trieben das Boot von jetzt an vorwärts. Dass die Schilfboote auch hochseetauglich waren, bewies der Forscher und Abenteurer Thor Heyerdahl im 20. Jahrhundert eindrucksvoll in mehreren Expeditionen mit Booten, die denen aus jener Zeit nachgebaut waren.

Ein Jahrtausend später setzte sich Holz als Baustoff für Planken und Spanten durch. Die seefahrenden Minoer und Phönizier entwickelten verschiedene Schiffstypen, je nachdem, ob ihre Schiffe dem Kriegseinsatz (schnelle, wendige Galeeren) oder dem Handel dienten (dickbauchige, stabile Segelschiffe).

Vereinzelte Entwicklungsschübe verbesserten die Eigenschaften der Schiffe in den folgenden Jahrhunderten, ohne aber eine große Revolution im Schiffsbau auszulösen. Neben der Kraweelbauweise des Rumpfes, bei der die Planken direkt aneinandergefügt werden, kam die Klinkerbauweise auf, bei der die Planken überlappen. Und neben

Er macht horrende Profite mit seinem Raddampfer und ist nicht bereit, Gelder in einen vermeintlich besseren Antrieb zu investieren. Aber sicherheitshalber wird er den jungen Förster von jetzt an genau im Auge behalten. Denn sollte Ressel mit seiner Idee doch eine Gefahr für sein Monopol mit einem Raddampfer werden, dann müsste sich Morgan etwas dagegen einfallen lassen. Ressel kann die Ablehnung und Engstirnigkeit nicht verstehen. Wenn niemand genug Fantasie besitzt, die Größe seiner Idee zu erkennen, dann muss er die Leute eben mit einer praktischen Demonstration überzeugen. Aber dazu fehlen ihm die Geldmittel. Allein das Gießen der Schiffsschraube würde 60 Gulden kosten, ein ganzes Monatsgehalt.

dem Rahsegel eroberte auch das dreieckige Lateinersegel die Masten der Segelschiffe, um den Wind in fast allen Situationen optimal für die Fahrt auszunutzen.

Im 16. Jahrhundert führte diese Entwicklung zum Zeitalter der Entdeckungen. Keine einhundert Jahre später war fast jeder Küstenflecken unseres Globus mit dem Schiff erreichbar. Die Schiffstypen wurden je nach Einsatzgebiet weiter modifiziert. Im 18. Jahrhundert hatte das Segelschiff aber seine technischen Möglichkeiten vollkommen ausgeschöpft.

Erst die Entwicklung der Dampfmaschine öffnete der Schifffahrt ein völlig neues und vielverheißendes Tor: einen Antrieb, vollkommen unabhängig von den Launen des Windes.

Zuerst entstanden Schiffe mit klassischem Segel- und modernem Dampfmaschinenantrieb kombiniert: Die Kraft der Dampfmaschine wurde über seitlich am Rumpf angebrachte Schaufelräder ausgeübt. Da die Leistung der frühen Dampfmaschinen noch sehr limitiert war, wurden die Schaufelräder fast ausschließlich zum Manövrieren und bei Windstille als Hilfsantrieb eingesetzt.

1819 überquerte die »Savannah« als erstes Schiff mit Segeln und Dampfmaschine den Atlantik. Während der 27 Tage andauernden Reise lief die Dampfmaschine insgesamt weniger als vier Tage. Vor allem bei starkem Seegang war der Einsatz der Schaufelräder unmöglich, machte das Schiff sogar anfälliger zu kentern. Es schien fast, als ob der Einsatzbereich der Dampfschifffahrt aufgrund dieses Mankos auf die Binnenschifffahrt und küstennahe Gewässer begrenzt wäre.

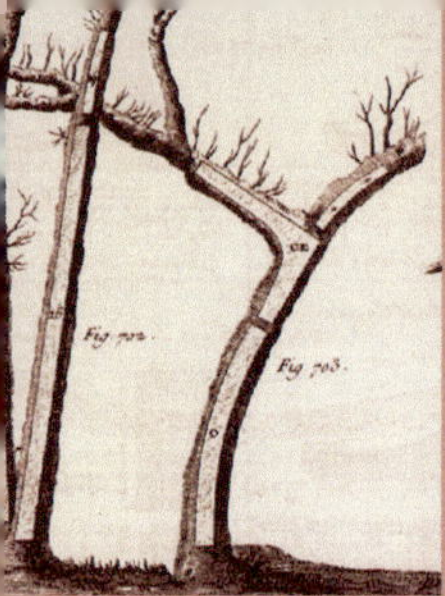

Krummhölzer für Kiel und Spanten

Die »Kon-Tiki« auf dem Weg nach Polynesien

Die »Savannah«, 1819

Ressel hat beinahe schon die Hoffnung aufgegeben, irgendjemanden für seine Idee zu begeistern, da macht er durch Zufall die Bekanntschaft der Geschäftsleute Oswald Tositti und Enrico Julian. Seine Ideen werden in der Triester Öffentlichkeit zwar verlacht, aber davon scheinen die beiden Geschäftsleute nichts mitbekommen zu haben. Ressel nutzt seine Chance und trägt enthusiastisch sein Projekt vor.

Tositti und Julian sind begeistert, erkennen die Verdienstmöglichkeiten, falls Ressels Plan gelingt. Sie wollen aber nur ein kalkulierbares Risiko eingehen. Sie geben Ressel 60 Gulden, um sein erstes »Spiral« herzustellen, und stellen eine Barke, ein kleines Fischerboot, für Testläufe zur Verfügung.

Ressel wendet ein, in der kleinen Barke könne seine Schraube nur mit Menschenhand angetrieben werden, da der Platz für den Einbau einer Dampfmaschine fehle. Doch mehr wollen Tositti und Julian nicht investieren. Er solle erst einmal zeigen, ob

Die archimedische Schraube

Bereits in der Antike hatte das Universalgenie Archimedes eine Schraube entworfen, mit der endlos Wasser nach oben befördert und Felder bewässert werden konnten. Dieses Prinzip versuchten viele Erfinder auf den Schiffsantrieb zu übertragen.
Schon Leonardo da Vinci wird mit diesem Vorhaben in Verbindung gebracht. Später, im 17. Jahrhundert, empfiehlt ein englischer Arzt namens Robert Hooke, Schiffe sollten mit einer Schraube angetrieben werden, und zeichnet Windmühlenflügel, die ein Schiff vorwärtstreiben.
Im 18. Jahrhundert gibt es verschiedene Experimente in Frankreich, aber alle sind wenig ermutigend und werden nicht fortgeführt. 1785

seine Erfindung überhaupt funktioniere. Ressel akzeptiert die Bedingungen. Er ist sich gewiss, sein Antrieb wird funktionieren, und der Bau einer Schraube für ein Dampfschiff ist für ihn dann nur eine Frage der Zeit.

Ermutigt durch die Vereinbarung mit den beiden Geschäftsleuten, entschließt sich Ressel, seine Erfindung patentieren zu lassen. Bisher hat er wegen der hohen Gebühr von 26 Gulden gezögert. Am 28. November 1826 reicht er das Patent auf seine »Beschreibung des schraubenförmigen Triebrades bei der Dampfmaschine zur Seefahrt, dann Wind- und Schiffsmühlen von Josef Ressel k. k. küstenländischer Domänen-Inspections-Waldmeister. Triest, im Jahre 1826« beim Stadtmagistrat in Triest ein.

Es ist für Ressel eine bange Zeit des Wartens. Bevor er nicht das Patent in Händen hält, will er nicht mit dem Umbau der Barke beginnen. Am 11. Februar 1827 bekommt er die lang ersehnte Antwort. Seinem Antrag wird entsprochen. Unter der Privilegiumsnummer 746 wird Ressels Eingabe dokumentiert.

Ressel beauftragt den Triester Mechaniker Franz Herrmann, die Schiffsschraube nach seinen Zeichnungen herzustellen. Zwei Wochen später wird Ressels erstes Spiral ausgeliefert. Es ist aus Bronze gegossen, 45 Zentimeter im Durchmesser und fast einen Meter lang. Sofort wird es an der Barke angebracht, und zwar dort, wo es nach seiner Ansicht am besten ist: am Bug. »Der schicklichste Ort, wo das Rad anzubringen ist, ist vorne«, schreibt

stellt der Ingenieur Joseph Bramah ein Konzept für einen Schiffsschraubenantrieb vor. Der Brite, Vater der hydraulischen Presse und einer Bierzapfanlage, die bis heute in den Pubs des Königreichs eingesetzt wird, sieht visionär den Einsatz der Schraube voraus, ohne diesen aber praktisch anzugehen. 15 Jahre später versucht der amerikanische Ingenieur Robert Fulton, ein von Hand angetriebenes Unterseeboot mit einer Schiffsschraube an die französische Regierung zu verkaufen – ohne Erfolg.
Abgesehen von Fultons Unterseeboot haben alle Bemühungen einen entscheidenden Fehler: Sie wollen den Schraubenantrieb seitlich am Schiff anbringen, genau dort, wo die Schaufelräder montiert werden.

Ressel in seinen Aufzeichnungen. »Am Hinterteil ist es nicht ratsam, weil der Strom, den das fahrende Schiff hinter sich bildet, dessen Wirksamkeit behindern könnte.«

Ressel lässt seine Schraube ganz unter Wasser anbringen, hofft so auf größtmögliche Wirkung. Sie wird parallel zur Wasseroberfläche positioniert, damit nur eine Vorwärts- und keine Vertikalkraft ausgeübt wird. Der heikelste Aspekt bei der Montage ist jedoch die Verbindung zur Barke, dort wo die Welle der Schiffsschraube durch die Bootswand geführt wird. Ressel entwickelt eine einfache Maßnahme, um einen Wassereinbruch an dieser Stelle zu verhindern: »In den Ort, wo die Spindel den Schiffskörper durchgeht, muss sie konisch sein, damit sie wasserdicht eingelassen werden kann.«

Dann ist der große Tag gekommen. Die Barke wird zu Wasser gelassen. Immer mehr Schaulustige finden sich ein. »Eine Schraube? Will er damit das Meer anbohren?«, lachen viele. Ressel hört nicht hin. Er gibt zwei Männern das Zeichen, die Barke zu be-

Die Kavitationskraft

Dass es weniger auf den Ort der Montage als auf das optimale Strömungsverhalten des Propellers ankommt, konnte Ressel damals noch nicht wissen. Heute stehen die Strömungseigenschaften der Schiffsschrauben mehr denn je im Mittelpunkt des Ingenieurinteresses, vor allem wegen eines gefährlichen Phänomens: der Kavitation.

Um die riesigen Containergiganten bei ihren Reisen über die Weltmeere auf annähernd 50 Kilometer pro Stunde zu beschleunigen, sind gewaltige Schubkräfte vonnöten. Bei voller Kraft beträgt die Drehgeschwindigkeit der Spitzen an den Schaufelrädern bis zu 150 Stundenkilometer.

Diese schnelle Rotation, dieses Peitschen der Blätter durch das Wasser, führt zu großen Druckunterschieden auf der Vorder- und der Rückseite des Schiffspropellers. Blasen bilden sich und implodieren kurz darauf wieder. Die dabei entstehenden Geräusche können unter Wasser über weite Strecken gehört werden. Im Zweiten Weltkrieg wurde das Phänomen der Kavitation genutzt, um durch passives Sonar feindliche U-Boote aufzuspüren.

Die Kavitation an sich ist ein physikalischer Prozess mit großem Zerstörungspotential. Dadurch kann ein Propeller, bei dessen Konstruk-

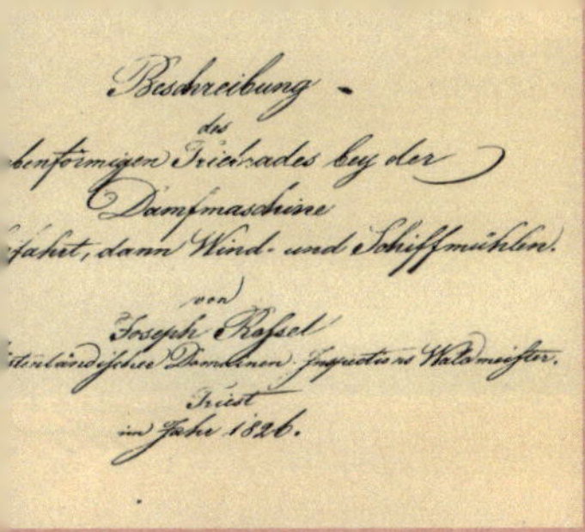

essels Patentantrag
ur Schiffsschraube

Robert Fulton
(1765–1815)

Fultons Unterseeboot

steigen. Die Barke wird vom Kai abgestoßen, dann langsam die Handkurbel gedreht. Nachdem sich das Boot zu bewegen begonnen hat, wird die Drehzahl erhöht – und auf einmal schießt die Barke nach vorne durch die Wellen. Die Schaulustigen verstummen. Ressel jubelt.

Viele an Bord von Schiffen im Triester Hafen wundern sich: Die Barke hat kein Segel, keine Ruder, dafür verrenken sich zwei

tion dies nicht richtig berücksichtigt worden ist, stark beschädigt werden. In Schiffsbauversuchsanstalten werden mithilfe des Stroboskopeffekts die Kräfte sichtbar gemacht. Das flackernde Licht zeigt die Luftblasen, die sich spiralförmig hinter der Schiffsschraube bilden, so wie eine Schraube im Holz ihre Rillen hinterlässt, wenn man sie wieder herauszieht. Der Stroboskopeffekt zeigt eindrücklich, wie und vor allem wo diese Blasen wieder in sich zusammenbrechen.
Implodieren die Blasen zu nah an der Schiffsschraube, entsteht der sogenannte Kavitationsfraß. Der Propeller wird deformiert, Furchen und Rillen entstehen im Metall. Im schlimmsten Fall ist die Schiffsschraube nach kurzer Zeit vollkommen unbrauchbar.
Es gilt für die Ingenieure, die Kavitation zu kontrollieren und zu lenken. Der Aufbau und das Profil der Schiffsschraube bestimmen mit, wo die Luftbläschen unter ungeheurem Druck implodieren. Die Blasen müssen hinter und keinesfalls auf dem Propellerblatt in sich zusammenfallen.
Jedes neue Schiffsschraubenprofil wird daher auf Herz und Nieren geprüft, ob es den Beanspruchungen bei jeder Geschwindigkeit standhalten kann.

Männer in der Barke in komischer Art und Weise, und als Krönung pflügt das Boot erstaunlich schnell durch das Wasser.

Ressel fühlt in seinem Inneren Genugtuung. Er hat immer gewusst, dass seine Erfindung Erfolg haben wird. Vor allem: Kein Ruderboot kann mit seiner Barke mithalten. An Geschwindigkeit ist sein Spiral den anderen kleinen Schiffen überlegen. Sofort eilt er zu Tositti und Julian, will jetzt ein größeres Dampfschiff mit einer Schraube bestücken. Aber die Antwort seiner bisherigen Förderer stößt ihn vor den Kopf.

Tositti und Julian lehnen überraschend jegliches weitere Engagement ab. Ressel ist entsetzt. Seine Demonstration habe doch eindrücklich den Wert und Vorteil der Erfindung bewiesen. Trotzdem wollen seine bisherigen Förderer aus rätselhaften Gründen keinen weiteren Gulden investieren – und sie bleiben dabei. Vielleicht fürchten Tositti und Julian um ihren guten Ruf, wenn sie sich weiter mit einem Mann einlassen, der so zum Gespött geworden ist.

Denn trotz der wirkungsvollen Erprobung hat sich die Ablehnung der Erfindung Ressels in der öffentlichen Meinung kaum verändert. So könne kein großes Schiff angetrieben werden, heißt es nach wie vor. Ressel solle ruhig mit seinem »Spielzeug« ausfahren, aber ein Schraubendampfer als zukünftiger Herrscher der Meere, das kann und möchte sich niemand vorstellen.

Ressel jedenfalls will sich von den Anfeindungen nicht entmutigen lassen. Doch ohne einen Finanzier geht es nicht weiter.

Da greift Ressel zu Tinte und Feder. Er nutzt sein kalligrafisches Geschick, um prachtvolle Einladungen und Präsentationen zu entwerfen. Und er will eine Aktiengesellschaft gründen, die auf allen österreichischen Flüssen, Seen und Meeren Schraubendampfschifffahrt betreiben soll. Seinen kunstvollen Werbeprospekt möchte er an alle bedeutenden Persönlichkeiten aus Politik und Wirtschaft im ganzen Land verschicken.

Als William Morgan davon erfährt, ist er sofort alarmiert. Er hat Ressels Verbindung mit den Geschäftsleuten Tositti und Julian argwöhnisch beäugt, hat größte Befürchtungen nach der gelungenen Schraubendemonstration gehabt und ist höchst erfreut, dass Ressel wieder ohne Geldgeber dasteht. Ressels neuer Plan könnte jedoch schwer zu kontrollierende Folgen für Morgans Monopol haben.

Nun nutzt er seine guten Kontakte zur örtlichen Polizeipräfektur und bringt die Beamten dazu, Ressels Werbeschrift zu konfiszieren. Die Behörde beruft sich auf die Zensur, der alle Schriften vor Veröffentlichung vorgelegt werden müssen, und zieht Ressels Einladungen ein. Ressel protestiert. Er hatte den Inhalt des Prospektes schon vor Wochen der Zensur übergeben und ohne Beanstandung eine Freigabe erhalten. Die Beamten erwidern, dann hätte sich jetzt ihre Einschätzung halt geändert.

Auf einmal wird Ressel von dem österreichischen Bankier Budmani angesprochen. Budmani unterhält enge Kontakte zum ägyptischen Königshaus und hat dort von Ressels beeindruckender Demonstration berichtet. Der Vizekönig Mohammed Ali ist so begeistert, dass er vier Schraubendampfer bei Ressel bestellt, ohne aber Vorauszahlungen leisten zu wollen. Nach anfänglicher Freude ist Ressel jetzt verzweifelt. Er hat einen Auftrag, Schraubendampfer zu bauen, und kein Geld, diesen zu erfüllen. So nah steht er vor dem endgültigen Durchbruch. Er muss Geldgeber finden oder den Vizekönig zu einem Vorschuss bewegen.

Trotz Budmanis Intervention bleibt der ägyptische Herrscher jedoch bei seiner Entscheidung. Gezahlt wird erst bei Lieferung. Ressel hält den Vizekönig immer länger hin, in der Hoffnung, Geldgeber zu finden. Budmani selbst hat nicht genug Mittel, um den Bau vorzufinanzieren. Als die Verhandlungen zu lange in der Schwebe bleiben, zieht Mohammed Ali verärgert seinen Auftrag zurück.

Wieder steht Ressel vor dem Nichts. Da meldet sich der Millionär Carlo d'Ottavio Fontana bei ihm. Er hat aufmerksam Ressels Bemühungen verfolgt. Fontana will schon lange Morgans Dampfschiffmonopol auf der lukrativen Linie Triest – Venedig übernehmen. Ressels Schraube könnte das Werkzeug sein, Morgan aus dem Markt zu drängen. Der reiche Kaufmann lädt Ressel zu einem Gespräch ein.

Ressel bringt eine große Aktenmappe mit Zeichnungen und Berechnungen mit, erklärt und fantasiert, wie sein »Spiral« die weltweite Schifffahrt verändern könne. Fontana interessiert die weltweite Schifffahrt nicht, sondern nur, wie er Morgans Monopol durch sein eigenes ersetzen kann. Mit Blick darauf sagt er Ressel zu, den Bau des ersten Schraubendampfers zu finanzieren. Aber dafür muss Ressel ihm umfangreiche Rechte an seinem Patent abtreten. Der stimmt notgedrungen zu, scheint

Mohammed Ali Pascha (1769–1849)

Die »Civetta« auf Jungfernfahrt (Rekonstruktion)

Fontana doch die letzte Möglichkeit zu sein, seinem Projekt noch zum Durchbruch zu verhelfen.

Die beiden schließen am 4. September 1827 einen Vertrag. Sollte die Probefahrt gelingen, würde der Millionär einen nicht genau definierten Geldbetrag für den Aufbau einer Schraubendampfschifflinie aufbringen. Öffentlich verkündigen sie, eine alternative Reisemöglichkeit zum Segelschiff und zu Morgans Raddampfer auf der Linie Triest – Venedig anbieten zu wollen. Der Bau eines 18 Meter langen Dampfers wird in einer Triester Werft in Auftrag gegeben. Der Name des Schiffs soll »Civetta«, »Eule«, lauten.

Ressel hat inzwischen seine Pläne nach den Erfahrungen mit der Barke noch einmal überarbeitet. Der Antrieb wird vom Bug ans Heck verlegt. Seine erste Annahme, dass dort zu viele Turbulenzen entstehen könnten, hat sich als falsch herausgestellt. Die Hecklinie wird neu entworfen, um die Schiffsschraube vor dem Steuerruder aufzunehmen. Genauso wird für die Dampfmaschine ein neuer Raum konzipiert, der Propellerraum.

Ressel muss bei den Entwurfsbesprechungen mit Fontana und den Werftarbeitern schon bald erkennen, dass Fontana sparen will, wo es nur geht. Er ist nur bereit, eine relativ kleine Dampfmaschine mit sechs Pferdestärken zu bezahlen. Ressel kämpft für eine viel stärkere Maschine, will keine halbherzigen Schritte, die das Unternehmen gefährden könnten. Aber Fontana gibt nicht nach, und Ressel muss sich wohl oder übel fügen.

Morgan ist von dem Zusammenschluss Ressels mit Fontana überrascht worden. Er hatte angenommen, die von ihm initiierte Polizeiaktion habe Ressels Projekt endgültig zum Erliegen gebracht. Der Vertrag der beiden und die öffentliche Ankündigung, eine konkurrierende Linie zu seinem Raddampfer aufzubauen, bedroht mehr denn je sein Monopol. Er schickt ein

Schreiben nach Wien, beruft sich auf das Recht, als Einziger die »Dampfschifffahrt« zwischen Triest und Venedig betreiben zu dürfen. Der Vertrag zwischen Ressel und Fontana müsse aufgelöst und jegliche Bemühungen der beiden eingestellt werden.

Ressel und Fontana wollen dem mit einem gewichtigen Argument entgegentreten: Unter Dampfschifffahrt versteht man bisher ausschließlich Raddampfer, und für das, was sie vorhaben, gibt es noch gar keine Bezeichnung. Trotz dieser Einschätzung nimmt die Unruhe der beiden zu. Was, wenn Morgan doch Recht bekommt? Fontana drängt Ressel, nach Wien zu reisen und ihren Fall persönlich der Obrigkeit darzulegen.

Ressel nimmt sich zum ersten Mal in seiner Amtszeit Urlaub und reist in die Hauptstadt. Er wendet sich an die Hofkanzlei, und es gelingt ihm schließlich, eine Audienz beim Kanzler Graf Saurau zu erhalten. Der Kanzler hört Ressel aufmerksam zu und ist schließlich von dessen Vorhaben begeistert. Er verspricht Unterstützung und will dafür sorgen, dass Morgans Gesuch an die Wiener Hofkammer abgewiesen wird. Aber nur unter einer Bedingung: Das Projekt müsse zu 100 Prozent in der Heimat ausgeführt werden.

Ressel hingegen will die Dampfmaschine in England bestellen. Dort sei sie schließlich erfunden worden, während das Wissen der hiesigen Ingenieure über diese neue Technik erst in den Kinderschuhen stecke und die Maschinen noch viele Fehler hätten. Der Kanzler lässt das Argument nicht gelten. Auch hierzulande gäbe es hervorragende Ingenieure. Die Dampfmaschine solle im Hüttenwerk St. Stephan in der Steiermark hergestellt werden, oder es werde keinen Bau eines Schraubendampfers geben.

Ressel muss notgedrungen zustimmen, auch wenn er es nicht für richtig hält. Er weiß, dass dieser Kompromiss eine schwerwiegende Belastung für das ganze Projekt bedeutet. Umgehend reist er in die Steiermark, bespricht immer und immer wieder alle Einzelheiten der benötigten Dampfmaschine. Bald ist der »lästige Förster« in der Fabrik nicht mehr gerne gesehen. Man schätze seine Beharrlichkeit, aber sie verstünden schon, was sie zu tun hätten, wird Ressel beschwichtigt. Als sich sein sechswöchiger Urlaub dem Ende zuneigt, reist Ressel wieder nach Triest ab. Sein Unbehagen ist durch seinen Besuch in der Steiermark nicht kleiner geworden, sondern hat zugenommen.

In Triest wird Ressel zumindest von den Fortschritten auf der Werft etwas aufgemuntert. Der Bau kommt gut weiter. Fontana hat auf den Plänen noch einige Segelmasten hinzugefügt. Nur für den Fall, dass die Schiffsschraube nicht den gewünschten Effekt habe. Dann sei das Schiff immer noch als Küstensegler verwendbar.

Im August 1828 können Ressel und Fontana nach dreimonatiger Bauzeit auf der Werft ihr Schiff begutachten. Knapp 18 Meter lang, dreieinhalb Meter breit und etwas über zwei Meter hoch ist es geworden. Wenige Wochen später ist die Schiffsschraube fertiggestellt. Mit einem Durchmesser von anderthalb Metern ist sie ein beeindruckendes Werkstück. Wie schon bei Ressels erster Schraube war der Mechanist Franz Herrmann mit dem Guss beauftragt. Nie zuvor hat es etwas Vergleichbares gegeben.

Nichts würde der Jungfernfahrt der »Civetta« noch im Weg stehen, wenn nur endlich die Dampfmaschine geliefert würde. Ressel lässt immer wieder in der Steiermark nachfragen, wann die Maschine endlich komme. Wieder und wieder wird er ver-

Die größte Schiffsschraube der Welt

Wie die Schiffe, so sind im Laufe der Zeit auch die Schiffsschrauben immer größer geworden. Die bisher größte Schraube aller Zeiten wurde am 13. Februar 2006 von der Firma Mecklenburger Metallguss ausgeliefert. »Die Dicke«, wie der Propeller liebevoll von der Belegschaft genannt wird, besitzt einen Durchmesser von 9,60 Metern. Anderthalb Jahre dauerten die Vorbereitungen, bevor insgesamt 130 Tonnen Kupfer und Aluminium sowie Nickel, Eisen und Mangan in einem gigantischen Hochofen für den Guss eingeschmolzen wurden. Das Werk an der Müritz ist weltweit Marktführer, wenn es um den Guss von Schiffsschrauben geht. Alle zwei Tage verlässt durchschnittlich eine Schraube das Werk. Ob die Propeller für die »Queen Mary 2« oder für militärische Einheiten, die deutsche Firma zählt zu den ersten Adressen im Schiffsschraubenbau. Als allerdings die dänische Reederei Maersk einen Propeller mit beinahe zehn Metern Durchmesser für das weltgrößte, fast 400 Meter lange Containerschiff »Emma Maersk« bestellte, standen die Ingenieure vor einer schwierigen Aufgabe und betraten absolutes Neuland.

Noch nie war ein solcher Propeller gegossen worden. Es gab Stim-

tröstet. Nach sechs Monaten ist die Maschine immer noch nicht da. Aber was bleibt Ressel anderes übrig als zu warten.

Eines Abends bekommt Ressel unangemeldeten Besuch von einem Franzosen namens Louis Bauer. Er habe von Ressels Versuchen gehört und sei sehr an seiner Erfindung interessiert. Bauer betont, er besitze gute Kontakte nach Frankreich. Dort werde Ressels Spiral sicherlich den Ruhm und die Unterstützung finden, die ihm hier in Triest bisher versagt geblieben seien. Ressel fühlt sich geschmeichelt. Endlich spricht er offenbar mit jemandem, der seine Erfindung wirklich zu schätzen weiß, der sie nicht für nationale oder ökonomische Zwecke missbrauchen will oder sich darüber lustig macht.

Ein angeregtes Gespräch entwickelt sich zwischen den beiden. Ressel gewährt Bauer Einblicke in seine Zeichnungen. Detailliert erörtert er, wie seine Schraube funktionieren soll. Bauer hört aufmerksam zu und unterstreicht, es sei an der Zeit, endlich diese Erfindung der Welt zu präsentieren. Und wenn man in Österreich zu schwerfällig sei, die Größe und Bedeutung dieser

men in der Wirtschaft, die bezweifelten, ob eine einzige Schraube alleine das Schiff mit seinen 100 000 PS vorantreiben könne. Die Ingenieure ließen sich nicht beirren und entwickelten die Pläne für »die Dicke«. 20 Minuten dauerte der Guss, bis die gelb-rot glühende Legierung in die Form geflossen war, zwei Wochen das Abkühlen, bis die gigantische Schraube aus der Sandform gebrochen wurde.
Wie zu Ressels Zeiten bestehen heutige Schrauben im Großen und Ganzen aus Bronze, der noch einige weitere Bestandteile beigemischt werden. Vor allem die heute gebräuchliche Aluminiumbronze ist seewasserbeständig und viel besser zu bearbeiten als Stahl.
Drei Wochen lang wurde der riesigen Schraube mit Fräsrobotern der letzte Schliff gegeben. Trotz computergesteuerter Technik ist das Auge des Fachmanns unersetzlich. Alles hängt von der Präzision des Fräsprofils ab. Kleinste Fehler können zu Vibrationen während des Betriebes führen. Bei einer Kraft von 100 000 PS kein geringes Risiko. Um sicherzugehen, wurde die Antriebswelle der »Emma Maersk« nach Mecklenburg-Vorpommern transportiert und die Schraube probeweise montiert. Alles passte, aber letzte Gewissheit konnte erst die Bewährung auf See geben.

»Die Dicke«, Durchmesser 9,60 m

»Emma Maersk«, das größte Containerschiff der Welt

Technik zu erkennen, dann müsse zum Wohle der Menschheit das Projekt eben im Ausland verwirklicht werden.

Zumal es nach wie vor unklar ist, wann oder ob die Dampfmaschine jemals aus dem Werk in der Steiermark geliefert wird, ist Ressel geneigt, Bauer seine Unterlagen zur Verfügung zu stellen, um in Paris neue Geldquellen für die Verwirklichung der Schiffsschraube aufzutun. Aber das kann er nicht alleine entscheiden. Auch Fontana muss diesen Schritt gutheißen, schließlich ist er per Vertrag Teilhaber an Ressels Patent.

Kaum hat Ressel ihm das Anliegen vorgetragen, stimmt Fontana schon zu. Sein Enthusiasmus für Ressels Schiffsschraube ist in den letzten Monaten, in denen sein Kapital durch die noch nicht einsatzfähige »Civetta« gebunden ist, immer mehr verflogen. Die Aussicht, die Erfindung im Ausland gewinnbringend an den Mann zu bringen, kommt ihm sehr gelegen.

Ressel händigt Bauer alle Pläne und Zeichnungen aus, die er entbehren kann, und fertigt von den anderen neue für den Franzosen an. Als Bauer abreist, bietet Ressel an, jederzeit gerne nach Paris zu kommen, um seine Schiffsschraube persönlich vorzuführen. Bauer bedankt sich und verspricht, sich so schnell wie möglich wieder zu melden.

Wochen vergehen, ohne dass Ressel Nachricht erhält. Er glaubt schon, dass Bauer mehr versprochen hat, als er tatsächlich halten kann. Bis eines Tages, im Frühjahr 1829, ein Brief von Bauer auf seinem Tisch liegt. Eine Einladung nach Paris. Bauer habe die französischen Unternehmer Picard, Malar und Revier für Ressels Erfindung begeistern können. Sie bestünden aber auf einer Vorführung durch den Erfinder.

Ohne zu zögern reicht Ressel bei seinen Vorgesetzten Urlaub ein. Fontana streckt die Reisekosten für die Fahrt nach Paris vor. In Ressels Gepäck befindet sich ein Modell seiner Schiffsschraube. Als er in Paris ankommt, verschlägt ihm die pulsierende Metropole an der Seine den Atem. Er kennt aus seiner Studentenzeit Wien, aber im Vergleich zu Paris erscheint ihm Wien jetzt wie eine Kleinstadt.

Geld spielt für die französischen Unternehmer offenbar keine Rolle. Sie sind begeistert von Ressels Modell und fordern ihn auf, ein Schiff mit seiner Schraube zu versehen. Ressel macht sich sofort an die Arbeit. In kürzester Zeit steht ein Prototyp bereit, der ähnlich seinem ersten Versuch mit der Barke von Hand angetrieben werden soll. Auf einem Kanal in der Seinemetropole wird das Boot zu Wasser gelassen. Unter den neugierigen Augen der Unternehmer und der Presse zeigt Ressel, wie eindrucksvoll sein Antriebsmechanismus das Boot vorwärtstreibt.

Die Geschäftsleute sind begeistert. Und Ressel fühlt sich nach der erfolgreichen Vorführung am Ziel, erwartet, neben Lob und Ruhm endlich auch Gewinne mit seiner Erfindung zu erhalten. Hoffnungsvoll durchstöbert er die Zeitungen des nächsten Tages und findet schnell das Gesuchte: einen Bericht über seine gelungene Schiffsschraubendemonstration. Aber mit keinem Wort wird sein Name erwähnt. Stattdessen werden die drei Unternehmer Picard, Malar und Revier als Erfinder dieses revolutionären Schiffsantriebs gepriesen.

Sofort eilt Ressel zu Bauer und seinen Auftraggebern. Diese zeigen dem Österreicher aber die kalte Schulter. Sie haben seine Zeichnungen und Skizzen kopieren lassen, haben durch die Vorführung Gewissheit, dass Ressels Erfindung funktioniert, und darüber hinaus besitzen sie auch einen Prototypen. Auf keinen Fall werden sie ihn an den Gewinnen ihres Unternehmens beteiligen, vor allem, da Ressels Erfindung nur in Österreich, nicht aber in Frankreich geschützt ist. Ressel hat schlicht versäumt, die Zusammenarbeit mit den Franzosen auf eine vertragliche Basis zu stellen, als er in Paris mit seiner Arbeit begonnen hat.

Nun bleibt ihm nur, an ihre Menschlichkeit und Ehre zu appellieren. Doch umsonst. Aber Ressel gibt nicht auf. Täglich klopft er bei den Betrügern an. Die Tore bleiben verschlossen. Als Ressel in ihr Haus eindringt, wird er von der Dienerschaft auf die Straße gesetzt. Er fühlt sich verraten und betrogen. Und zu alledem hat er so gut wie kein Geld mehr in der Tasche.

Ressel hatte sich von Fontana nur die Auslagen für die Hinreise vorstrecken lassen. Er brauche nicht mehr, hatte er selbstsicher seinem Geschäftspartner gesagt, rechnete er doch fest damit, nach Abschluss der Verhandlungen eine hohe Summe zu erhalten.

Jetzt muss Ressel sehen, wie er in Paris die Rechnung für seine Pension bezahlen und wie er wieder nach Hause kommen kann. Sein Urlaub neigt sich dem Ende zu. Sollte er zu spät zurückkehren, wäre das sicherlich der Tropfen, der bei seinen Vorgesetzten das Fass zum Überlaufen brächte. Denn Ressel ist sich sicher, dass sie nur auf einen Grund warten, um ihn, den ständigen Besserwisser, loszuwerden.

Er wendet sich an die österreichische Gesandtschaft in Paris mit der Bitte, das Geld für seine Heimreise vorzustrecken. Die Anfrage wird höflich, aber bestimmt mit der Begründung abgewiesen, der Fonds für solche Mittel sei bereits erschöpft. Die letzte Hoffnung ist sein Partner Fontana. Der hatte schließlich dem Plan zugestimmt, in Paris ihr Glück zu versuchen. Kleinlaut berichtet Ressel in einem Brief, wie sein Wissen und ihre Pläne hinterhältig ausspioniert und gestohlen wurden. Er bittet daher um die Anweisung eines ausreichenden Geldbetrags, um seine Schulden zu begleichen und nach Triest zurückkehren zu können. Der Brief schließt mit den Zeilen, dass das Geld sicherlich erst in zwei Wochen bei ihm sei und er nicht wisse, wie er innerhalb dieser Zeit ohne Mittel überleben könne. Er werde aber versuchen, so lange »auf Borg« über die Runden zu kommen. Dies gelingt Ressel auch einige Zeit. Nach sieben Tagen präsentiert ihm der Inhaber seiner Unterkunft jedoch die Rechnung. Ressel vertröstet ihn. Er sei im Moment knapp bei Kasse, werde aber bald den ausstehenden Betrag begleichen.

Endlich kommt Fontanas Antwort. Aber anstatt Geld findet Ressel nur Vorwürfe in dem Schreiben. Er wolle weder von dem Erfinder noch von seiner Erfindung mehr etwas wissen, schreibt Fontana aufgebracht. Jetzt fühlt sich Ressel auch von seinem Partner im Stich gelassen, sieht sich bereits im Schuldturm, unehrenhaft aus dem Dienst entlassen, und alles nur, weil er die Menschheit von einem neuen, besseren Schiffsantrieb überzeugen will.

Für einen Moment zweifelt Ressel an seiner Erfindung, aber dann packt ihn wieder der Kampfeswille. Irgendwie wird er das Geld auftreiben, wird nach Triest zurückkehren. Er wird Fontana überzeugen, das Projekt fortzuführen, und mit der »Civetta« dem Schraubenantrieb zum Durchbruch verhelfen.

Er geht zur Pariser Börse, an der auch Aktien großer Triester Unternehmen gehandelt werden. Seine Hoffnung, auf einen Landsmann zu treffen, der Mitleid mit seiner Misere hat, ist aber vergebens. Jedoch macht er dort die Bekanntschaft des französischen Farbholzhändlers Messonier. Sie kommen ins Gespräch, und Ressel erwähnt beiläufig, dass er nebenberuflich Erfinder sei und vor Kurzem einen Apparat entwickelt habe, der für den Händler interessant sein könne. 1828 hatte Ressel ein Patent auf eine Maschine eingereicht, in der sich mittels Wasser- oder Weingeistdämpfen Farben aus Kräutern gewinnen lassen. Messonier äußert sofort Interesse. Er bittet Ressel, ihm einen Prototypen zu bauen, und verspricht, ihn am Gewinn zu beteiligen. Als Zeichen, dass er es ernst meint, begleicht er Ressels Schulden.

Von früh bis spät arbeitet Ressel in Messoniers Betrieb. Bereits wenige Tage später sind mehrere seiner Extraktionsapparate betriebsbereit. In einen Kasten werden durch ein Rohr Dämpfe eingeleitet. Die auf einem Rost liegende Biomasse wird durchweicht und die Farbpigmente aus den Fasern gelöst. Der Sud tropft durch ein zweites Rohr in eine erhitzte Auffangschale, in der die Flüssigkeit eingedickt werden muss.

Die Ergebnisse sind beeindruckend. Ressel spricht deswegen Messonier auf seine Entlohnung an. Doch der hat die Erfindung einfach als die eigene in Paris patentieren lassen. An die Abmachung, Ressel an den Gewinnen zu beteiligen, will sich der Händler nicht erinnern. Vielmehr stehe Ressels Abreise nichts mehr im Wege. Um ihn loszuwerden, gibt er ihm 1000 Franc für die Rückreise. Wieder hat Ressel nicht daran gedacht, sich die Abmachung schriftlich bestätigen zu lassen, und wieder hat er das Nachsehen. Verbittert nimmt er die 1000 Franc und reist nach Triest zurück. So strahlend ihm Paris bei seiner Ankunft erschien, so sehr hasst er bei seiner Abreise die Stadt, in der anscheinend nur Gauner und Betrüger leben.

Messonier kann sich aber an den Gewinnen aus seinem Betrug, die im Jahr über 30 000 Franc ausmachen, nur kurz erfreuen. Als 1830 die Julirevolution in Frankreich ausbricht, wird Messonier, nun Hauptmann der Nationalgarde, während der Barrikadenkämpfe getötet.

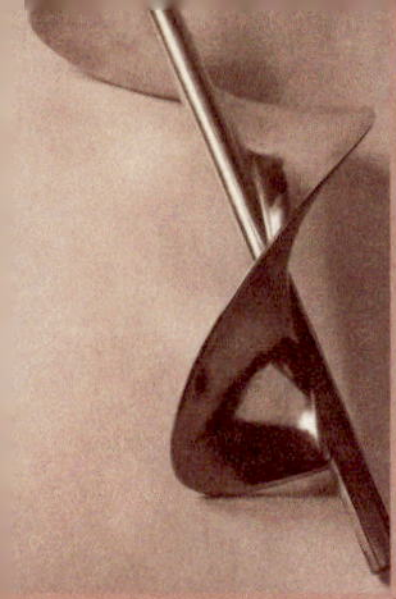

Modell der Schiffsschraube

Konstruktionszeichnung der »Civetta«

Franz Josef Graf Saurau

Zurück in der Heimat erwartet Ressel zunächst eine positive Nachricht. Endlich ist die Dampfmaschine aus der Steiermark eingetroffen. Jetzt müsste sie nur noch in die »Civetta« eingebaut werden, um erprobt werden zu können. Doch Fontana hatte in seinem Brief an Ressel unmissverständlich zum Ausdruck gebracht, dass er nichts mehr mit dem Projekt zu tun haben will und keine Gelder mehr freigibt. Ressel eilt zu ihm, gibt zu bedenken, wie lange sie für dieses Projekt gearbeitet haben und dass sie jetzt – so kurz vor dem Ziel – nicht aufgeben dürfen. Doch Fontana bleibt bei seiner Ablehnung.

Ressel sucht daraufhin nach einem Ausweg. Er kontaktiert den Kanzler Graf Saurau und schildert ihm den Stand der Dinge. Endlich sei die Dampfmaschine vor Ort und warte nur darauf, zum Ruhme Österreichs in das Schiff eingebaut zu werden, seinem Vertragspartner fehle jedoch der letzte Mut. Graf Saurau lässt sich durch Ressel überzeugen und schreibt an Fontana, er möge das Projekt bitte zu Ende führen. Die Bitte des Kanzlers kommt einem Befehl gleich, dem Fontana sich nicht entziehen kann. Widerwillig gibt er die Gelder frei, um die Dampfmaschine und die Schiffsschraube in die »Civetta« einzubauen.

Ressel hat mit seinem Schachzug zwar das Projekt wieder zum Leben erweckt, aber die Geschäftsbeziehung zwischen ihm und Fontana ist dadurch endgültig zerrüttet. Fontana fühlt sich übergangen und hat jegliches Vertrauen in Ressel verloren. Sollte bei der Jungfernfahrt der »Civetta« etwas schiefgehen, würde er Ressel und das Projekt sofort mit Freuden fallen lassen.

Zwischen März und Juni 1829 wird an 91 Tagen die »Civetta« zum ersten Schraubendampfer der Geschichte umgerüstet. Allein die Dampfmaschine, obwohl nur sechs PS stark, besteht aus »37 Röhren, 3952 Pfund schwer, 30 Deckel sammt Knieen (859

Pfund), 120 Deckelschrauben sammt Muttern, 246 Röhrenschrauben, drei unteren und zwei oberen Röhrenträgern«, wie in den Speditionslisten vermerkt ist.

Beim Einbau kommt es schon bald zu Problemen. Noch ausstehende Teillieferungen aus der Steiermark verzögern sich. Die »Getriebsspindel«, an der die Schraube befestigt werden soll, springt entzwei, ohne dass ein nennenswerter Druck auf sie ausgeübt worden ist. Dann die ersehnte und gleichzeitig auch gefürchtete Nachricht: Die »Civetta« ist fertig. Erste, heimliche Probefahrten geben Ressel wieder etwas Mut. Alles scheint einwandfrei zu funktionieren.

Fontana und Ressel verschicken die Einladungen zur Jungfernfahrt. 40 Ehrengäste finden sich an dem lauen Sommertag 1829 im Hafen von Triest ein. Vinzenz Zanon, der Bootsbauer, Johann Fichter, der Konstrukteur der Dampfmaschine, Franz Herrmann, der Gießer der Schraube, Geschäftsleute um Fontana, Gelehrte der hiesigen Akademien, Vertreter von Polizei und Magistrat.

Pünktlich um elf Uhr betreten die Gäste das Schiff. Die Leinen werden gelöst, aus dem Schlot schießen dicke Dampfwolken wie schwarze Pilze in den blauen Himmel empor. Die Schraube dreht sich. Die »Civetta« nimmt Fahrt auf, wird immer schneller. Die Gäste sind beeindruckt. Ressel glaubt sich am Ziel, endlich wird die Schiffsschraube anerkannt und seine Vision nicht mehr verlacht werden. Es scheint der Anfang einer neuen Ära zu sein.

Fünf Minuten lang fährt die »Civetta« problemlos, passiert den Hafenleuchtturm und legt eine halbe nautische Seemeile zurück. Doch Ressels Jubelstimmung wird durch ein plötzliches Rucken und einen Knall jäh beendet. Qualm dringt aus dem Schiffsinneren an Deck. Die Dampfmaschine muss abgestellt werden.

Ressel eilt in den Propellerraum. Schnell findet er den Fehler. Zwei Rohre der Dampfmaschine sind geplatzt. Das, was Ressel immer befürchtet hat, ist eingetreten. Die fehlende Erfahrung der österreichischen Konstrukteure hat böse Folgen. Das Eisen der Dampfmaschine ist zu porös, die Rohre sind nicht gleichmäßig dick und können dem Druck einfach nicht standhalten. Hinzu kommen Fehler beim Einbau. Ressel findet Lötstellen, die weich statt hart aneinandergefügt worden sind.

Geschätzte zwei Stunden wird die Reparatur dauern, ehe

überhaupt an Weiterfahrt zu denken ist. Ressel gibt der Mannschaft den Befehl, unverzüglich mit der Arbeit zu beginnen. Er selbst eilt zu den Gästen, versucht sie zu beschwichtigen.

Doch so voller Lob sie anfangs waren, so ungehalten sind die Gäste jetzt. Sie wollen Ressels Erklärungen nicht hören. Sie haben es ja schon immer gewusst: Die Schiffsschraube, dieses wahnsinnige Projekt, das Ressel schon seit Jahren ohne Erfolg betreibt, kann und wird niemals funktionieren. Ressel traut seinen Ohren nicht. Wie kann die Schiffsschraube für das Versagen der Dampfmaschine verantwortlich gemacht werden? Die Schraube habe gute Dienste geleistet. Die Dampfmaschine sei das Problem.

Aber alle seine Beteuerungen bleiben wirkungslos. Der Polizeipräfekt untersagt sogar die Weiterfahrt. Die »Civetta« wird an ein anderes Schiff vertäut und in den Hafen zurückgeschleppt. Ressel ist am Boden zerstört.

Hartnäckig besteht Ressel auf einer zweiten Probefahrt. Fontana ist aber nicht mehr bereit, für dieses »Wahnsinnsunternehmen«, wie er es nennt, weiteres Geld zur Verfügung zu stellen. Ressel gibt trotzdem den Auftrag zur Reparatur, steckt jeden Gulden, den er noch besitzt, in das Projekt.

Zu einer zweiten Fahrt wird es aber nicht mehr kommen. Die Polizei stellt Ressel eine Anordnung zu, die jegliche weiteren Probefahrten untersagt. Der Dampfausbruch habe gezeigt, dass die Schraubenschifffahrt nicht vollkommen durchdacht sei und

Der Test

Fast 180 Jahre später wird unweit von Ressels kurzer Fahrt mit der »Civetta« eine Versuchsanordnung aufgebaut, die etwas mehr Licht in die Jungfernfahrt bringen soll. Ein maßstabsgetreues Modell des Schiffs wird im Institut für Marineforschung der Universität Triest in ein Wasserbecken gesetzt. Was die Herzen von Modellliebhabern höherschlagen lässt, ist der Anfang eines aufschlussreichen Tests.

Die Quellen berichten, die »Civetta« habe eine Strecke von ungefähr 800 Metern mit einer Geschwindigkeit von vier bis fünf Knoten bewältigt. Das entspricht etwa 7,4 bis 9,3 Kilometern pro Stunde. Die Fahrtzeit wie auch die Geschwindigkeit waren jedoch 1829 durch die viel zu schwache Dampfmaschine begrenzt. Jetzt wollen die Forscher

eine Gefahr für das Leben der Passagiere darstelle: »Von drei Bestandteilen, Schiffskörper, Schraube und Dampfmaschine, ist die Dampfmaschine gebrochen, die Schraube unverletzt geblieben, also ist die Schraube zum Betrieb der Dampfschifffahrt untauglich.«

Die Argumentation der Obrigkeit erscheint zwar in sich unstimmig. Dennoch muss Ressel der Anordnung Folge leisten. Die absolute Machtkonzentration in den Händen der Beamten macht ein Vorgehen gegen die amtliche Weisung vollkommen unmöglich.

Und dann erhält Ressel kurz darauf aus Wien auch noch eine weitere niederschlagende Nachricht. Die Entscheidung über Morgans Klage ist gefällt. Morgans Monopol gilt jetzt für jegliche Form regelmäßiger Dampfschifffahrt zwischen Triest und Venedig. Und das trotz Graf Sauraus Beteuerung, über Morgans Klage werde zugunsten Ressels und Fontanas entschieden. Dass die Resselsche Schiffsschraube eine völlig neue Art des Antriebs darstelle, sei belanglos. Morgan besitze das Privileg auf regelmäßige Dampfschifffahrt. Ein Schraubendampfer dürfe – sollte er jemals überhaupt anständig funktionieren – nur »unregelmäßig«, also ohne festen Zeitplan eingesetzt werden. Für Fontana, dem bereits die missglückte Jungfernfahrt der »Civetta« und die Anordnung gegen Ressel sehr in die Hände gespielt haben, ist es die willkommene Möglichkeit, endgültig aus dem Projekt auszusteigen.

herausfinden, wie schnell die »Civetta« maximal hätte sein können. Das Modell wird an einem Schlitten befestigt. Immer und immer wieder wird es durch den Wassertank geschleppt, wobei die Daten über das Strömungsverhalten aufgezeichnet werden. Am Ende der Versuchsreihe können die Forscher ein eindeutiges Urteil abgeben. Mit einer ausreichend starken und zuverlässigen Dampfmaschine hätte die Fahrt sicherlich kein so unglückliches Ende gefundenm und die Geschwindigkeit wäre doppelt so hoch gewesen, also bis über 18 Kilometer pro Stunde. Damit wäre die »Civetta« für ihre Größe eines der schnellsten Schiffe jener Zeit gewesen. 180 Jahre später ist der Beweis erbracht: Ressels Konstruktion war im Grunde ein voller Erfolg.

Josef Ressel um 1850

Die »Great Britain«, größtes Passagierschiff ihrer Zeit

Isambard Kingdom Brunel

Ressel erwägt, sich an den Kaiser zu wenden, schiebt diesen Gedanken aber schnell wieder beiseite. Franz I. hat nach dem Wiener Kongress 1815 sein Reich umsichtig, aber auch restaurativ geführt. Pflichterfüllung und Disziplin sind die ehernen Werte des alternden Kaisers. Sprunghafte Entwicklungen sind ihm zuwider. Originelle Köpfe, die mit ihren Ideen die Grenzen des Bewährten überschreiten wollen, kommen in den Augen des Herrschers Unruhestiftern gleich. In Ressels Personalakte steht neben mehreren Rügen, er sei ein »Fantast«. Die Gunst des Kaisers, die er durch sein forsches Auftreten knapp 20 Jahre zuvor gewonnen hatte, ist mittlerweile verspielt. Damit muss sich Ressel nun abfinden.

Fontanas Rückzug aus ihrem Gemeinschaftsprojekt will er allerdings noch immer nicht akzeptieren. Schließlich habe die Jungfernfahrt eindrücklich den Wert seiner Schiffsschraube deutlich gemacht. In ihrem Vertrag gebe es keine Klausel, die Fontanas Rückzug rechtfertige.

Sich der Armut Ressels bewusst, erwidert Fontana, Ressel könne ja gegen ihn vor Gericht ziehen, falls er die Mittel dafür habe.

Für Fontana würde das Geld zur Weiterführung des Projekts angesichts seines Millionenvermögens nicht ins Gewicht fallen. Auch ist der Geschäftsmann so detailliert mit der Technik vertraut, dass er zweifellos den eigentlichen Erfolg der Jungfernfahrt erkannt hat. Selbst wenn er die Linie Triest – Venedig nicht mit einem Schraubendampfer bedienen dürfte, würde einem Einsatz des neuen Schiffsantriebs auf Flüssen oder Seen nichts im Wege stehen. Doch er hat das Vertrauen in Ressel verloren, kommt einfach nicht mit einem Mann zurecht, der ihm zu naiv und vor allem zu fanatisch und aufmüpfig ist.

Tatsächlich reicht Ressel kurz darauf in Triest eine Klage

gegen seinen ehemaligen Geschäftspartner ein. Der Prozess zieht sich über Monate hin. Wegen seiner bescheidenen Geldmittel bekommt Ressel nach geltendem Landrecht einen Anwalt zugewiesen. Es ist der Advokat Dr. Cronest – ein guter Freund Fontanas. Ressel fragt, ob dies ein Scherz sein solle. Die Behörden sehen darin aber nur einen unglücklichen Zufall und wollen ihm keinen anderen Advokaten zur Seite stellen.

Doch Ressel bleibt beharrlich. Dr. Cronest zieht sich schließlich von dem Fall zurück. Ein neuer Anwalt versucht, Ressel zu seinem Recht zu verhelfen. Eigentlich müsste ihm angesichts der willkürlichen Verfügungen der Triester Polizei und des Urteils aus Wien klar sein, welchen schweren Stand er hat. Aber er pocht weiterhin auf sein Recht. In erster Instanz verliert er prompt gegen Fontana. Ressel legt Revision ein und macht Schulden, um Anwalts- und Gerichtskosten zahlen zu können.

Seine Vorgesetzten sind wegen des »ungebührlichen« Verhaltens ihres Försters konsterniert. Sie versuchen, ihn mit einer Beförderung zu beruhigen. Gleichzeitig werden seine Bezüge aber von bisher jährlich 800 Gulden auf 600 gekürzt, die Gehaltsminderung jedoch mit einer Personalzulage in Höhe von 200 Gulden wiederum kompensiert.

Ressel wird höflich darauf hingewiesen, dass jetzt endlich mit seiner öffentlichen Agitation Schluss sein müsse. Er nimmt die Beförderung dankend an, denkt aber keinen Moment daran, seinen Kampf aufzugeben.

Ein Urteil wird in dem Verfahren, das sich über fünf Jahre hinzieht, nicht mehr gesprochen. Fontana stirbt, und die Nachkommen einigen sich mit Ressel außergerichtlich. 3400 Gulden erhält Ressel. Eine stolze Summe, die aber gerade ausreicht, seine Schulden zu bezahlen.

Nach den Jahren der gerichtlichen Auseinandersetzung glaubt Ressel nicht mehr daran, dass seine Schiffsschraube von ihm zum Durchbruch gebracht werden kann. Bisher hat ihm seine Erfindung nur Verleumdungen, Spott, Not, Erniedrigung und berufliche Ächtung eingebracht. »Nie wieder werde ich einen Gedanken an technische Probleme verlieren«, versichert er einem Freund. Doch lange bleibt er diesem Vorsatz nicht treu. Dafür ist seine Erfinderleidenschaft einfach zu groß.

Er entwickelt einen Pflug, bei dem die Eintrittstiefe der Schar variiert und der somit den Bodenverhältnissen angepasst werden kann, skizziert Jahrzehnte vor den Autobauern Benz und Daimler die Idee für einen Dampfwagen, der auf der Straße fahren soll, optimiert Weizenmühlen und erfindet das reibungslose Kugellager. In seinen Unterlagen finden sich Ideen für die optische Telegrafie und eine pneumatische Rohrpost. Er entwirft und publiziert 1848 sogar einen »Finanzplan [...] zur Tilgung der Nationalschuld und Beschäftigung der Arbeiter«. Und in Istrien initiiert er ein breit angelegtes Wiederaufforstungsprogramm. Die Halbinsel ist infolge des Holzbedarfs für Schiffe fast kahl geschlagen worden. Seiner Schiffsschraube kehrt Ressel jedoch nach 1834 verbittert den Rücken – vorerst.

Im Jahre 1840 kommt es im Triester Hafen zu einem Menschenauflauf. Immer mehr Schaulustige drängen sich am Kai in mehreren Reihen und wollen einen Blick auf das in den Hafen einlaufende Schiff werfen. Es ist ein imposanter, gigantischer Dampfer mit dem Namen »Archimedes«, ganz ohne Segel und ohne Radkästen an den Seiten. Einer unter den Schaulustigen ist Ressel. Er sieht am Heck die aufschäumenden Wellen der Schiffsschraube. Am Mast weht der Union Jack. Wehmütig blickt Ressel auf das Schiff, auf dem die Flagge seines Landes wehen sollte.

Ressel stellt Nachforschungen an, will von der englischen Schiffsbesatzung erfahren, wer diesen »screw propeller« erfunden hat, wie die Mannschaft den Antrieb nennt. Die Antwort verblüfft ihn. Ein Engländer namens Francis Pettit Smith habe diese technische Revolution erfunden. Aber in England werde noch um den Titel des wahren Erfinders gestritten, denn 1829

Geschichte der Schiffsschraube

Der englische Farmer und Erfinder Francis Pettit Smith hatte 1836 ein Patent auf die Entwicklung der Schiffsschraube eingereicht. Kurz darauf stellte der aus Schweden stammende Ingenieur John Ericsson einen ähnlichen Antrag in den Vereinigten Staaten. Zu beiden Seiten des Atlantik heben diese beiden Ingenieure die Schraubendampfschifffahrt aus der Wiege.

1837 nimmt mit Ericssons »Novelty« das erste von einer Schraube angetriebene Handelsschiff seinen Dienst auf. Vier Jahre später wird die »Rattler« als erstes Kriegschiff mit dem neuen Antrieb von Smith zu Wasser gelassen.

habe ein gewisser Charles Cummerow schon ein Patent auf dieselbe Erfindung eingereicht. Ressel weiß es besser. Er ist der wahre Erfinder der Schiffsschraube und lässt die Angelegenheit einfach auf sich beruhen.

1835 wird Ressel nochmals befördert, diesmal zum Waldoberagenten in Montona, und 1839 in den aktiven Dienst der Marine gestellt. Er ist für die Holzversorgung des »Arsenale« in Venedig verantwortlich, der größten Schiffsbauwerft der Habsburger.

Wieder ist er mit dem Meer eng in Berührung, und wieder will er mit seinen Erfindungen den Stand der Technik ein wenig weiterführen. Sein Vorschlag, einen Rumpf aus Eisen zu bauen, wird 1847 abgelehnt. In all den Jahren und trotz regelmäßiger Beförderungen erhöht sich Ressels Gehalt nicht wesentlich. Immer lebt der mittlerweile 50-Jährige am Existenzminimum. Bis ihn eine Nachricht erreicht, die ihm die lange vorenthaltene Anerkennung und den Erfolg verspricht.

1852 versetzt eine Meldung die Welt in Aufregung. Die britische Regierung will den aufgekommenen Debatten, wer der wahre Erfinder der Schiffsschraube sei, ein Ende setzen. Sie schreibt ein Preisgeld in Höhe von 20 000 Pfund Sterling für den aus, der glaubhaft seine Ansprüche beweisen kann, als Erster diesen neuen Schiffsantrieb erfunden zu haben.

Vielleicht machen sich für Ressel seine Versuche in Triest doch noch bezahlt. Bisher hat er seinen Anspruch, Entwickler

1843 baut der britische Ingenieur Isambard Kingdom Brunel auf einer Werft in Bristol die »Great Britain«. Ganz aus Eisen und mit einem Schraubenantrieb versehen ist es eines der größten Passagierschiffe seiner Zeit. Die Jungfernfahrt wird in der Presse als Weltwunder gefeiert. Auf der Strecke Liverpool – New York stellt sie bereits bei ihrer ersten Fahrt einen neuen Geschwindigkeitsrekord auf. Es ist der endgültige Durchbruch für die Dampfschifffahrt und die Schiffsschraube. Das Ende des Holzrumpfes, des Segels und der uneffektiven Raddampfer (außer auf einigen Seen und Flüssen wie dem Mississippi) ist besiegelt.

Robert Hooke (1635–1703)

Francis Pettit Smith (1808–1874)

John Ericsson (1803–1889)

der Schiffsschraube zu sein, für sich behalten. Doch die Höhe der ausgeschriebenen Belohnung könnte seine Geldsorgen mit einem Mal vergessen machen. Akribisch legt er alle Unterlagen, Skizzen, Zeichnungen, Zeugenaussagen und seine Patenturkunde zusammen. Auch die polizeilichen Urteile, die ihm weitere Tests untersagten, könnten jetzt seinen Fall stützen. Denn aus ihnen geht zweifelsohne hervor, dass seine Schiffsschraube funktioniert hat, und zwar viel früher als die der englischen Konkurrenz, die sich überall als Erfinder feiern lässt.

Im November 1852 hat Ressel alle Unterlagen beisammen und schickt die Mappe auf offiziellem Weg an das österreichische Konsulat, das sie 1853 der britischen Admiralität übergibt. Wieder beginnt für Ressel eine Zeit des Wartens. Es vergehen Wochen, dann Monate und schließlich Jahre, ohne dass er aus London eine Antwort bekommt oder in der Öffentlichkeit ein Gewinner gekürt wird. Auf der Straße unken die Leute schon, die Regierung ihrer Majestät hätte es sich wahrscheinlich im letzten Moment noch anders überlegt und wolle das Geld lieber sparen.

Mit den langsam mahlenden Mühlen des Beamtenapparats mittlerweile bestens vertraut, glaubt Ressel, dass die Behörden in England wahrscheinlich genauso langsam arbeiten. Er zweifelt nicht daran, dass nur er zum Sieger ernannt werden kann.

Während dieser Zeit kreisen seine Gedanken auch wieder um die Schiffsschraube und darum, wie sie noch verbessert werden könnte. Fast 30 Jahre nach seinen ersten Skizzen geht Ressel daran, den Antrieb zu überarbeiten. Er denkt darüber nach, die bisher starre Schraube beweglich zu gestalten und zum Manövrieren einzusetzen. Die Schiffsschraube selbst wäre frei drehbar, würde das Steuerruder überflüssig machen und könnte das Schiff durch Drehen in jede Richtung lenken. Ressel schreibt in seinen Notizen: »[...]denn dann wird [...] die Schraube selbst, ohne Steuerruder, das Schiff mit Leichtigkeit lenken können.« Praktisch verfolgt hat er diesen Entwurf jedoch nie.

Fast drei Jahre nach der Ausschreibung trifft die englische Regierung endlich eine Entscheidung. Lapidar lässt sie mitteilen, der Betrag werde geteilt und an fünf Männer ausgezahlt, die Namen aber nicht veröffentlicht. Die einzige Information, die nach außen dringt, besagt, dass es sich ausschließlich um britische Staatsbürger handelt.

Die Presse ist angesichts der »merkwürdigen Vergabe« aufgebracht. Die altehrwürdige »Times« und die »United Service Gazette« greifen die britische Admiralität scharf an. Die Blätter starten aus Protest eine Sammlung für den in ihren Augen wahren Erfinder: den Briten Francis Pettit Smith. Mehrere tausend Pfund erhält dadurch der sowieso schon wohlhabende Schraubenkonstrukteur.

Und wieder geht Ressel leer aus. Der Kampfeswille des mittlerweile 63-Jährigen, der kurz vor seiner Pensionierung steht, ist aber noch nicht erloschen. Er wendet sich an Erzherzog Ferdinand Maximilian, Reorganisator der kaiserlich-königlichen Marine, unter dem Ressel als Marine Forst Intendant tätig ist. Ferdinand Maximilian war 1832 als Enkel Kaiser Franz I. geboren worden, des Kaisers, der Ressels Laufbahn als Förster erst ermöglicht hatte.

Der Erzherzog selbst sollte später als Kaiser von Mexiko in die Geschichte eingehen. Ferdinand hört aufmerksam seinem Untergebenen zu, und es scheint, als ob Ressel wieder das Vertrauen des habsburgischen Kaiserhauses errungen hat. Der Erzherzog verspricht, sich über den österreichischen Botschafter in London für Ressels Recht einzusetzen. Zuerst sind die britischen Behörden sehr entgegenkommend. Sie stellen Nachforschungen an. Doch das Ergebnis wird Ressel nicht mehr erfahren.

Im September 1857 befindet sich Ressel auf einer Dienstreise in und um Laibach, die heutige slowenische Hauptstadt Ljubljana. Bereits bei seiner Ankunft fühlt er sich unwohl. Schließlich bekommt er so hohes Fieber, dass ihn Forstgehilfen in seine Gaststätte »Bayerischer Hof« bringen müssen. Schüttelfrost plagt ihn. In der Nacht vom 9. auf den 10. Oktober 1857 stirbt Ressel in seinem Bett, wahrscheinlich an Typhus, manche meinen später, an Malaria. Als die Wirtsleute den Leichnam finden, entdecken sie neben dem Toten ein Rezept, auf dessen Rückseite in verschmierter Schrift eine Ermahnung an seine Kinder steht. Sie sollen dafür Sorge tragen, dass seine Rechte als Erfinder der Schiffsschraube nicht in Vergessenheit geraten.

Der Tod seines Beamten und die in den Todesminuten noch schnell verfassten Zeilen geben Erzherzog Ferdinand, dem Bruder des Kaisers, keine Ruhe. Als ihn aus London die Nachricht der Admiralität erreicht, es seien keine Unterlagen von einem Josef Ressel aus Österreich eingetroffen und daher auch nicht berücksichtigt worden, ist diese Antwort für Erzherzog Fer-

Der Pod-Antrieb

War Ressels Schiffsschraube bereits verlacht worden, blieb seine Abhandlung über eine drehbare Schiffsschraube vollkommen unbeachtet. Zu Unrecht. Denn mit dieser Idee und seinen Skizzen nahm er ein Prinzip vorweg, das heute unter der Bezeichnung »Pod-Antrieb« (Pod = Gondel) zu einer der bedeutendsten Antriebsarten in der Schifffahrt geworden ist.

Erst Mitte des 20. Jahrhunderts entwickelten die deutschen Ingenieure Pleuger und Busmann eine um 360 Grad drehbare Propellergondel zur Befestigung am Schiffsrumpf. Die Idee, eine Propellergondel einzusetzen, hatte sich zuerst in der Luftfahrt durchgesetzt. Graf von Zeppelin ließ seine nach ihm benannten gigantischen Luftschiffe durch mehrere noch starre Propellergondeln vorwärtstreiben und zugleich steuern. Pleuger und Busmann übertrugen diese Konstruktion dann auf die Schifffahrt und konstruierten die Gondeln frei drehbar.

Die Vorteile sind erheblich. Die Propeller müssen nicht mehr am Heck, sondern können auch an strömungsgünstigeren Rumpfsegmenten angebracht werden. Die Treibstoffkosten sinken, das Schiff bekommt eine nie da gewesene Wendigkeit. Durch Drehen der Schiffsschraubengondeln kann es auf engem Raum unmittelbar in jede gewünschte Richtung manövriert werden. Der Einsatz von Schleppern in Häfen wird überflüssig und streicht diesen für den Reeder nicht kleinen Kostenposten. Außerdem wird keine Ruderanlage mehr benötigt, was Gewicht erspart.

Der Schraubenantrieb selbst wurde mit der Zeit weiter überarbeitet und besteht heute aus zwei voreinander geschalteten Schrauben, die

dinand nicht akzeptabel. Er fordert eine restlose Aufklärung des Sachverhalts. Der Ton verschärft sich zusehends zwischen den beiden Regierungen.

Die Engländer geben dem österreichischen Gesandten schließlich unmissverständlich zu verstehen, dass im Interesse der gegenseitigen Beziehungen jegliches Nachhaken, wer der Erfinder der Schiffsschraube sei, unverzüglich eingestellt werden muss. In Wien will man einen Konflikt vermeiden und fügt sich. Ressels Unterlagen bleiben bis auf den heutigen Tag verschwunden.

Wirkungsgrad und Antriebskraft noch einmal steigern. Durch alle diese Vorteile amortisieren sich die deutlich höheren Konstruktions- und Herstellungskosten bereits innerhalb weniger Jahre.

So wie mit Brunels Passagierschiff, der »Great Britain«, 1843 die Schiffsschraube ihren Siegeszug antrat, so setzten die 2004 vom Stapel gelassene »Queen Mary 2« und die 2006 in Dienst gestellte »Freedom of the Seas« mit ihren Pod-Antrieben neue Maßstäbe für den heutigen Schiffsantrieb. Sicher und wendig befördern diese Ozeanriesen Tausende Passagiere und Crewmitglieder von einem Urlaubshafen zum nächsten.

In den Schubladen der Erfinder befindet sich aber bereits eine Entwicklung, die den Einsatz von Propellern zum Schiffsantrieb überflüssig machen könnte. Der sogenannte Magnethydrodynamische Antrieb (magneto hydrodynamic drive, kurz MHD) verzichtet vollkommen auf eine mechanische Kraftübertragung und nutzt die elektrische Leitfähigkeit des Salzwassers. Das Wasser wird durch ein Magnetfeld beschleunigt und pumpt das Schiff vorwärts. Vom japanischen Mitsubishi Konzern wurde in den 90er-Jahren ein erstes Versuchsboot konstruiert. Die »Yamato 1« konnte sich mithilfe eines MHD vorwärtsbewegen, wenngleich die Geschwindigkeit nur fünfzehn Stundenkilometer betrug.

Die Vorteile liegen auf der Hand. Es entsteht keine Kavitation, daher gibt es auch keine Geräusche, was selbstverständlich die Militärs an dieser Technik fasziniert. Auch entsteht keinerlei Verschleiß an Antriebsteilen, weil sich nichts mechanisch bewegt. Die Schwierigkeit, genug Antriebsgeschwindigkeit zu erzeugen, lässt das Projekt aber noch Zukunftsmusik sein.

Luxuskreuzfahrtschiff »Queen Mary 2«

Die »Yamato I«

Die Idee eines Schraubenantriebs hatten vor Josef Ressel im Prinzip schon einige andere. Dr. Hooke (1635–1703) und Joseph Bramah (1748–1814) wurden bereits weiter oben erwähnt. Bramah soll 1785 sogar ein Patent auf seine Schiffsschraubenidee erhalten haben. Aber ohne detaillierte Zeichnungen und nur aufgrund vager Formulierungen bereits von einem gültigen Patent zu sprechen, ist in der Forschung umstritten, vor allem weil Bramah die Idee nicht weiterverfolgt hat und über ein Planungsstadium nicht hinauskam.

Auch die Positionierung der Schraube am Schiffsheck ist bereits von Robert Fulton Jahrzehnte vor Ressel erprobt worden. Und 1804 lässt der amerikanische Ingenieur John Stevens sein Dampfschiff »Little Juliana« durch zwei Schraubenpropeller vorwärtstreiben. Die Resultate müssen jedoch nicht sehr ermutigend gewesen sein, da Stevens' darauffolgende Schiffstypen wieder Radkästen an den Seiten besitzen. Die erste Schraubendampfschifffahrt kann Ressel also auch nicht für sich beanspruchen.

Anders sieht es aus, wenn man danach fragt, wer die erste wirklich einsatzfähige Schraube entwickelt hat. Dass dies Josef Ressel war, dokumentiert sein Patent auf die Erfindung einer funktionstüchtigen Schiffsschraube aus dem Jahre 1827.

Alle weltweit vergebenen Patente, die oft große Ähnlichkeiten mit Ressels Zeichnungen aufweisen, wurden nach dessen Patent ausgestellt, das übrigens 1831 auslief, weil Fontana die Gebühren dafür nicht mehr bezahlte.

1829 reichte einer der drei französischen Geschäftsleute, die Ressel in Paris betrogen hatten, ein Patent ein, das vollständig von Ressel abgeschrieben war. Der Agent Louis Bauer hatte aber nicht nur in Frankreich, sondern auch in England Ressels Zeichnungen verschiedenen Kaufleuten und Schiffsbauern angeboten. Im Juli 1829 erhielt der Brite Charles Cummerow ein Patent auf eine Schiffsschraube. Auch hier sind die Ähnlichkeiten in den Zeichnungen und Beschreibungen deutlich. Zwar fehlt der letzte Beweis, dass Cummerow Ressels Zeichnungen kannte, aber die Indizienkette lässt den Schluss zu.

Zum Durchbruch brachten die Schiffsschraube besonders der englische Farmer und Erfinder Francis Pettit Smith und daneben der schwedischstämmige Ingenieur John Ericsson. Vor allem Smith gelang es, diesen neuen Antrieb auf den Weltmeeren durchzusetzen.

Smith ließ sich 1836 in England die Schiffsschraube patentieren und führte ein Jahr später mit seinem Schiff »Francis Smith« erste erfolgreiche Tests zur See mit einer Schraube aus Holz durch. Bei einer Testfahrt zerbrach die Schraube in der Mitte. Der hintere Teil ging verloren, das Schiff wurde aber nicht langsamer, sondern sogar schneller. Smith ließ für alle weiteren Versuche seine archimedische Schraube auf diese durch Zufall gefundene Länge kürzen. Es war ein Maß, das Ressel von Anfang an benutzte. Ein Wettrennen gegen die »Widgeon«, den zu seiner Zeit schnellsten Raddampfer der Welt, gewann Smith mit seinem Schiff um Längen.

Aber trotz Smiths Verdiensten bleibt es dabei, dass die erste geglückte Schraubendampffahrt von Josef Ressel in Triest durchgeführt wurde, und er war es, der das erste Patent erhielt.

Es entbehrt nicht einer gewissen Tragik, dass Ressel schon kurz nach seinem Tode die Anerkennung in seiner Heimat zuteil wurde, die ihm zu Lebzeiten verwehrt worden war. Spott und Verleumdung musste Ressel ertragen, Verweise seiner Vorgesetzten und willkürliche Entscheidungen der Obrigkeit.

Schon ein Jahr nach seinem Ableben wurde eine offizielle Kommission eingesetzt, die sich mit dem Lebenswerk des Försters in Staatsdiensten befasste. Seiner Witwe wurde per kaiserlichem Dekret eine hohe Witwenrente zugesprochen: »Se. k. k. Apostolische Majestät haben mittelst Allerhöchster Erschließung vom 21. Juni d. J. der Witwe des am 10. Oktober 1857 zu Laibach auf einer Dienstreise verstorbenen k. k. Marine-Forst-Intendanten, Josef Ressel, ersten Erfinder der Schrauben-Dampfschifffahrt und Urheber vieler anderer wichtigen Erfindungen im Gebiete der Technik, dessen ganzen jährlichen Gehalt von 800 fl. in Anerkennung der aussergewöhnlichen Verdienste des Verstorbenen als Pension allergnädigst zu verleihen geruht.« Für Ressels Frau muss es eine stille Genugtuung gewesen sein. Sie hatte die Jahrzehnte miterlebt, wie sehr Ressel unter der sozialen und öffentlichen Ächtung gelitten hatte.

Diese plötzliche Kehrtwendung in der öffentlichen Akzeptanz von Ressels Werk führt auch zum eigentlichen Kernpunkt: der Frage, warum Ressel gescheitert ist. Vor allem bei seinen Vorgesetzten galt Ressel als Störenfried, der nur Ärger bereitete. Auch die Zeit und der Ort waren für Ressel ungünstig. Das politische Umfeld in Triest, die Zeit der Restauration, ein um Pflichterfüllung und Erhalt des Status quo bemühtes Kaisertum standen Ressels Erfolg im Weg.

Seine Versuche, sein Wissen im Ausland gewinnträchtig an den Mann zu bringen, scheiterten an Ressels naiver Gutgläubigkeit. Seine Idee fiel aber sowohl in Frankreich als auch vor allem in England auf fruchtbaren Boden. Besonders das britische Empire verhalf der Schiffsschraube zum Durchbruch, ein Staat, der sich bald weg vom Agrar- und hin zum Industriestaat bewegte.

Vier Jahre nach Ressels Tod, am 3. Juli 1861, besuchte seine Majestät Kaiser Franz Joseph I. die Atelierräume des berühmten Bildhauers Anton Dominik von Fernkorn. Der Herrscher wollte zwei Standbilder in Augenschein nehmen, die er in Auftrag gegeben hatte. Zum einen das Abbild des Staatsmannes Prinz Eugen, der während der Türkenkriege im 17. und 18. Jahrhundert als bedeutendster Feldherr seiner Zeit gefeiert wurde. Und zum anderen das in Stein gemeißelte Abbild von Josef Ressel, dem kleinen Beamten, der zeit seines Lebens erfolglos für seine Erfindung gekämpft hatte.

Christian Heynen

STAHLHART ZUM ATLANTIK

Es ist kurz vor 12 Uhr mittags. Die Sonne steht an diesem 28. Mai 1879 hoch über dem Horizont und brennt erbarmungslos auf die kleine Stadt Coryville im Westen Pennsylvanias hernieder. Es ist viel zu heiß für einen Frühsommertag. Die Luft ist stickig und erfüllt von dem aufgeregten Gemurmel hunderter Menschen. Aus dem ganzen Land sind Schaulustige in die Provinz angereist, suchen vor der Mittagssonne Schutz im Schatten der Bohrtürme und großen Öltanks.

Normalerweise würde mittags hier keiner in der brütenden Hitze stehen. Aber diesmal hat sie ein ganz besonderes Ereignis hinausgelockt: Heute will der Ölmann Byron Benson die Pumpen seiner revolutionären Tidewater-Pipeline anwerfen.

Die Schulen in der Umgebung haben den Kindern freigegeben, damit sie dem Schauspiel beiwohnen können. Über Monate hat Benson seine 180 Kilometer lange Pipeline gegen alle Widrigkeiten gebaut, hat gegen Intrigen, Spione, Sabotage und vor allem gegen den Widerstand des mächtigsten Mannes der Welt um seinen Lebenstraum gekämpft.

Dieser Tag wird entscheiden, ob Bensons Projekt, mit dem er sich gegen John D. Rockefeller wendet, von Erfolg gekrönt ist. Viele sind skeptisch. Buchmacher geben nur anderthalb Dollar für einen, falls die Pipeline versagt. Und viele sind gekommen, weil sie eben dieses Versagen von Bensons Verrücktheit, wie die Pipeline in der Öffentlichkeit genannt wird, miterleben wollen.

Benson und seine Mitstreiter stehen auf einem kleinen Podest. Hinter ihnen Tanks, in denen 200 000 Liter darauf warten, von den stärksten, neu entwickelten Pumpen der Welt über das Alleghenygebirge im östlichen Nordamerika gedrückt zu werden. Vor Benson das Ventilrad, in der Hand hält er eine Taschenuhr. Langsam rückt der Minutenzeiger auf die Zwölf zu. Dann wird er das Ventilrad drehen, werden die Pumpen starten und

Byron David Benson

Ölmänner bei einer Ölquelle

John D. Rockefeller (1839–1937)

das Öl langsam vorwärtsdrücken. Sechs Tage werden vergehen, bis es den höchsten Punkt der Pipeline erreicht hat: die Gipfel des 850 Meter hohen Alleghenygebirges. 150 Kilometer Wegstrecke hat das Öl dann bereits hinter sich. Von dort wird es seinem Eigengewicht folgend die Berghänge nach Williamsport herabströmen.

Es sind sechs Tage, in denen Benson nur noch abwarten und hoffen kann. Er hat alle Hebel in Bewegung gesetzt, getan, was möglich war, um seinen Traum wahr werden zu lassen. Nur wenige Monate zuvor schien sein ganzer Plan noch undurchführbar. Alles hatte eines Abends in seinem Haus begonnen.

Es ist fast genau ein Jahr vor dem Einweihungstag in Coryville, als Byron Benson im Mai 1878 geheime Einladungen an ein Dutzend Ölmänner verschickt. Sein Manöver ist riskant, Geheimhaltung oberstes Gebot. Denn schon viele Pläne sind aufgrund eines unbedachten Worts vereitelt worden. Die Ölregion, die sich hier im Westen Pennsylvanias erstreckt, ist voll von Spitzeln und Informanten eines übermächtigen Gegners, des Industriemoguls John D. Rockefeller.

Nach und nach kommen die Eingeladenen an. Manche haben durch Boten absagen lassen. Das Risiko ist ihnen zu groß. Benson hat zur Tarnung das Treffen als eine Pokerpartie ausgegeben. Als er den Salon betritt, sieht er nur bekannte Gesichter um sich. Er kennt die meisten der Ölmänner seit Jahren, aber trotzdem ist er etwas unsicher, ob er sie schon alle ins Vertrauen ziehen soll.

Doch dann setzt Benson alles auf eine Karte. Für seinen Plan braucht er dringend Verbündete. Und alle Anwesenden teilen das gleiche Schicksal. Sie haben einen gemeinsamen Feind, der ihre Gewinnmargen immer weiter drückt: John D. Rockefeller, der in der Öffentlichkeit als der »Teufel von Cleveland« verschrien ist. Schon seit Jahren versuchen sich die Ölmänner gegen Rockefeller zur Wehr zu setzen, aber vergeblich. Die Regierung kann und will ihnen in diesem Streit nicht helfen.

Letztlich ist es ein herber Schicksalsschlag gewesen, der Benson angetrieben hat, endlich den Widerstand gegen Rockefeller neu und effektiv zu organisieren. Wenige Monate zuvor ist unerwartet seine Frau Minerva verstorben, die seine engste Beraterin und Vertraute war. Seitdem muss sich Benson alleine um die drei Kinder Robert, William und Bessie kümmern. Er will sie finanziell absichern, das hat er seiner Frau am Totenbett geschworen.

Wenige Wochen nach ihrem Tod ist Benson fest entschlossen, etwas gegen Rockefeller zu unternehmen, koste es, was es wolle. Er ist bereit, Risiken einzugehen, obwohl sein bisheriger Lebenslauf eher von einem kühl kalkulierenden und behutsamen Charakter zeugt.

Geboren wurde Byron David Benson am 29. Februar 1823 in dem kleinen Provinznest Pompey in New York State, das in seiner Tristesse mit dem berühmten römischen Vorbild außer dem Namen überhaupt nichts gemeinsam hat.

Die Verhältnisse, in denen der Junge auf einer mittelgroßen Farm in dem Dorf Fabius heranwächst, sind bescheiden. Schon früh sieht der strebsame Benson in der Landwirtschaft nicht seine eigene Zukunft und wendet sich dem Holzgeschäft zu. Mit seinem Jugendfreund Robert Hopkins übernimmt er ein Sägewerk. Es ist der Beginn einer intensiven Freund- und Partnerschaft, die ein Leben lang anhalten soll. Kontinuierlich bauen die beiden jungen Männer ihre Aktivitäten aus. In dieser Zeit heiratet Benson die junge Minerva Stevens. Kurz darauf wird ihr Sohn Robert geboren, wenig später William, und schließlich kommt Nesthäkchen Bessie hinzu.

Als der amerikanische Sezessionskrieg ausbricht, tritt Benson nicht wie sein Partner Hopkins in die Unionsarmee ein. Er steht bereits im Staatsdienst, trägt seit dem 1. Januar 1861 den Sheriffstern an der Brust und sorgt in seiner Heimat, dem Onondaga County, während des Krieges für Recht und Ordnung.

Nach dem Ende des Krieges, 1865, nehmen Hopkins und Benson ihre Geschäftsbeziehungen wieder auf, aber der Alltag des Holzgeschäfts ist ihnen zu langweilig. Sie werden von dem verlockenden Ruf des Öls angezogen, der in dieser Zeit durch die ganzen Vereinigten Staaten hallt. Zu Tausenden ziehen Männer aus allen Landesteilen in die Wildnis Pennsylvanias, wo sich das Mekka des Ölbooms befindet.

Es herrscht Goldgräberstimmung. Alle sind besessen von dem Wunsch, schnell reich zu werden. Alle geblendet von dem übelriechenden, schwarzen Rohstoff, der zwar schon seit Jahrtausenden der Menschheit bekannt ist, jedoch noch nie eine solche Bedeutung erlangt hat.

Als sich Benson und Hopkins dem Ölgeschäft zuwenden, sind gerade zehn Jahre vergangen seit einer wegweisenden Entdeckung des amerikanischen Chemikers Benjamin Silliman im Jahre 1855: der Reinigung von Erdöl mithilfe von Schwefelsäure. Schon 1852 erhielt zwar der kanadische Arzt und Geologe Abraham Gessner ein Patent auf die Herstellung des Petroleums, eines relativ sauberen Lampenbrennstoffes aus Erdöl. Dies läutete den Aufschwung für den schwarzen Stoff aus der Tiefe ein. Aber erst die weiterführende Entdeckung von Benjamin Silliman bedeutete die Geburtsstunde einer neuen Industrie.

Bis dahin bringen nach Sonnenuntergang bei einem Großteil

Pech aus der Erde

Bereits vor fast 4000 Jahren, im babylonischen Mesopotamien, ist das »Erdpech« ein weit geschätzter Stoff. Da Erdöl eine niedrigere Dichte als Wasser besitzt, steigt es je nach Gesteinsboden mitunter bis zur Erdoberfläche.

Im Zweistromland wird es aus kleinen Tümpeln geschöpft und nach dem babylonischen Wort für »leuchten« »naptu« genannt (noch heute heißt das russische Wort für Erdöl »Naphtha«) und vor allem – worauf der Name schon hindeutet – als Brennmittel für Lampen benutzt. Darüber hinaus wird es zum Kalfatern, also Abdichten, von Schiffsrümpfen mit Sand, Schilf und anderen Materialien vermischt. Die wichtigsten Zufahrten zu babylonischen Kultstätten waren mit einer dünnen Asphaltschicht abgedeckt. Im Gesetzeswerk des babylonischen Herrschers Hammurabi finden sich sogar einige Kapitel, die sich ausschließlich mit dem »Erdpech« befassen.

Ähnlich wie die Babylonier Jahrtausende zuvor entdecken römische Legionäre in einem ägyptischen Gebirgszug am Golf von Suez das an der Oberfläche austretende Erdöl. Die Römer nennen den Rohstoff

der Menschheit nur schwache, flackernde Kerzen ein wenig Licht in die Häuser. Die gefährlichen Gasleuchten und teuren Tranlampen können sich nur Reiche leisten. Erdöl steht hingegen unbegrenzt und billig zur Verfügung, vor allem in Pennsylvania, wo es nur wenige Meter tief unter der Oberfläche verborgen liegt und Indianer schon seit Jahrhunderten die auf den Bächen und Flüssen treibende dünne Ölschicht mit Tüchern abschöpfen.

Die gezielte Suche nach Erdölquellen beginnt. Schon 1854 wird mit der Pennsylvania Rock Oil Company die älteste amerikanische Erdölgesellschaft gegründet. Kurz darauf finden die ersten Tiefbohrungen statt, jedoch ohne nennenswerten Erfolg. Bis zum 27. August 1859. An diesem Tag bohrt Edwin L. Drake am Oil Creek in die Tiefe. Als plötzlich das Öl aus dem Bohrturm sprudelt, ist Drakes Einzug in die Geschichtsbücher gesichert.

In nur 21,2 Metern Tiefe stößt er auf die erste größere Öllagerstätte. Es ist der eigentliche Startschuss für einen gewaltigen Ölboom. Während der nächsten zehn Jahre werden etwa sechstausend Bohrungen in die Erde getrieben. Mehr als drei Viertel stoßen nur auf kleine, unergiebige Ölvorkommen. Bei Kosten

»oleum petrae«, was so viel wie Stein- oder Felsöl bedeutet. Die Wurzeln des deutschen Wortes *Petroleum* lassen sich auf diesen römischen Ursprung zurückführen.
Jahrhunderte später erkennen die Byzantiner auch die kriegerischen Einsatzmöglichkeiten des Rohstoffs. Mit brennenden Ölkrügen, den sogenannten »griechischen Feuern«, die auf die gegnerischen Linien und Städte geschleudert werden, verbreiten sie Furcht und Schrecken unter den Feinden. Nach dem Mittelalter weiß man aber nichts Rechtes mehr mit der schwarzen, klebrigen und übelriechenden Flüssigkeit anzufangen.
Im 19. Jahrhundert wird Erdöl vor allem in den USA als Heilmittel verwendet. Es wird in kleinen Flaschen unter dem Namen »Rock Oil« verkauft und soll eine blutreinigende Wirkung bei Cholera, Bronchitis oder Tuberkulose besitzen. Erfolg und Absatz sind gering, denn viele Patienten wollen lieber krank bleiben, als das ungenießbare Öl trinken.
Plötzlich hat aber Mitte des 19. Jahrhunderts der Dornröschenschlaf des Erdöls ein Ende.

Frühe Ölbohrung

Benjamin Silliman

Aktie der Standard Oil Company

bis zu achttausend Dollar pro Bohrung ein gewagtes Geschäft, das aber für die wenigen Glücklichen, die auf eine einträgliche Quelle treffen, gewaltige Reichtümer bedeutet.

Innerhalb eines Jahres werden rund tausend neue Petroleumgesellschaften in Pennsylvania gegründet. Grundstücke, die wenige Wochen zuvor nur fünfundzwanzig Dollar wert waren, lassen sich angesichts möglicher Schätze im Erdboden für das Tausendfache verkaufen. Über Nacht werden einige Glücksritter zu Millionären, während viele andere ihr ganzes Vermögen verlieren.

In nur wenigen Monaten entstehen inmitten von Pennsylvania neue Städte mit mehreren Tausend Einwohnern. Und da der Arm des Gesetzes noch nicht bis zu den neuen Ölzentren reicht, herrscht das Recht des Stärkeren. Jeder Erdölproduzent ist ein hartgesottener Abenteurer, der auf seine Unabhängigkeit bedacht ist und mit dem Revolver in der Hand schläft.

Auch Benson und Hopkins sind nach dem Unabhängigkeitskrieg fest entschlossen, im Ölgeschäft ihr Glück zu suchen. Sie sind aber nicht bereit, sich wie so viele Hals über Kopf in eine teure und unsichere Ölsuche zu verstricken. Sie wollen erst einmal in dem Metier Fuß fassen, in dem sie sich am besten auskennen: dem Holzgeschäft. Holz wird dringend für die Bohrtürme, Fässer und die rasant wachsenden neuen Städte in der Ölregion gebraucht.

Sie kaufen für 200 000 Dollar eine Sägemühle und die angrenzenden großen Waldgebiete in der Nähe der Stadt Enterprise. Diese sogenannte Rouse Farm besitzt nicht nur einen alten Baumbestand, sondern in dem Boden sollen, wie Gerüchte besagen, riesige Erdöllagerstätten schlummern.

Oft finden Waldarbeiter Ölschlamm auf der Erde, und teilweise ist die Rinde der Baumstämme mit dem Erdpech bedeckt. Benson und sein Partner beabsichtigen, sich mit dem Holzabbau die nötigen Geldmittel zu verschaffen, um auf dem gleichen Boden nach Öl zu suchen. Sie gründen die Enterprise Oil and Lumber Company mit Benson als Präsidenten. Das Holzgeschäft läuft gut, gleichzeitig versuchen Benson und Hopkins, so viel wie möglich über das Ölgeschäft und vor allem über die erfolgreiche Ölsuche in Erfahrung zu bringen. Schließlich fangen sie mit ersten Probebohrungen an.

Aber so einfach, wie es sich die beiden vorgestellt haben, ist die Arbeit nicht. Erst 1868, nach 17 Fehlversuchen, stoßen sie auf eine ergiebige Ölquelle. Damit beginnt ihr Aufstieg zu bedeutenden Erdölproduzenten. 1872 zieht Byron Benson mit seiner Familie nach Titusville. Die Geschäfte laufen gut. Bis sich plötzlich die Lage dramatisch verändert.

Allen Ölmännern weht auf einmal ein eisiger Wind ins Gesicht. John D. Rockefeller, der reichste Mann der Zeit, setzt ihnen immer unerbittlicher zu, drückt mehr und mehr die Preise, zu denen sie ihr Öl an die Raffinerien verkaufen. Ein Gegner, gegen den sie mit ihren Mitteln kaum eine Chance haben. Sie nennen ihn nur das »Ungeheuer« oder die »Schlange«. Er macht ihnen ihre Profite streitig und gefährdet damit ihre Existenz. Rockefeller kontrolliert mit seiner Standard Oil Company fast die gesamte Raffinerieindustrie und darüber hinaus auch noch den Transport des Öls zu den Raffinerien. In Karikaturen wird er als Krake dargestellt, der mit seinen Fangarmen die Ölmänner, das Land und die Politik im Würgegriff hält. Der Aufstieg dieses Mannes zur zentralen Figur des Ölgeschäfts war kometenhaft.

Im Gegensatz zu Byron Benson ist die Vita von John D. Rockefeller detailliert dokumentiert, und viele Aspekte seiner Lebensgeschichte sind intensiv untersucht und psychologisch gedeutet worden.

John Davison Rockefeller wird am 8. Juli 1839 im kleinen Städtchen Richford als zweites von sechs Kindern des deutschstämmigen William Avery Rockefeller und seiner Frau Eliza im Nordosten der Vereinigten Staaten geboren. William Rockefeller ist ein selbst ernannter Arzt, der durch die Region reist und mit Arzneien, die letztlich nur harnfördernd sind, Heilung für eine Vielzahl von Leiden verspricht. Er überlässt die Leitung der kleinen Farm in Richford und die Erziehung der Kinder seiner Frau. Der junge John bekommt nur eine rudimentäre Schulausbildung, für Bücher interessiert er sich nicht. Er hat aber eine bemerkenswerte Begabung: Er kann fabelhaft mit Zahlen umgehen. Als »a man of figures«, als »Zahlenmensch«, bezeichnete er sich später selbst.

Schon früh lässt ihn die Mutter akribisch Buch über Ausgaben und Einnahmen ihrer Truthahnzucht führen. Eine Aufgabe, die John Spaß macht und ihm den Wert des Sparens nahebringt. Und er lernt, stets wachsam zu sein, denn sein Vater versucht, ihn von Jugendbeinen an bei Geldangelegenheiten immer zu übervorteilen. Was der Vater als Einführung in die Geheimnisse des »business« bezeichnet, sind für Rockefeller Erfahrungen, die ihn für den Rest seines Lebens prägen. »Pay a profit to nobody«, »Zahle anderen nie einen Profit«, wird zu Rockefellers Motto. Pedantisch zeichnet er seine persönlichen Ausgaben in einem Buch auf, nicht einen Cent gibt er für Vergnügungen aus.

Muss er bei seiner ersten Anstellung für den mageren Lohn von nur einem halben Dollar am Tag arbeiten, so wird er nur wenige Jahre später als der reichste Mann der Welt gefürchtet. Rockefeller ist streng gläubig, ein Puritaner in der Lebensweise und ein Zyniker im Geschäft, getrieben von dem leidenschaftlichen Wunsch, reich zu sein. Dabei genauso kühl und geschickt taktierend wie blitzschnell jede sich bietende Gelegenheit zum Aufstieg und Gewinn beim Schopfe packend.

Das berufliche Fortkommen beginnt jedoch recht unauffällig. Als Sechzehnjähriger erhält er 1855 in Cleveland eine Stelle als Lehrling bei der Speditionsfirma Hewitt & Tuttle. Schnell steigt er zum Hilfsbuchhalter auf, wird zwei Jahre später Hauptbuchhalter und tritt 1858 als Teilhaber in ein Makler- und Agenturgeschäft ein, das sich mit der Beförderung und dem Verkauf von allen erdenklichen Waren auf Kommission befasst. Im September 1864 heiratet Rockefeller Laura Celestia Spelman, die Tochter eines wohlhabenden Kaufmannes aus Cleveland. Die Heirat lässt Rockefellers Vermögen weiter anwachsen. Das Paar bekommt fünf Kinder, von denen eines im Kleinkindalter stirbt.

Als in den 60er-Jahren des 19. Jahrhunderts der Ölboom in den Vereinigten Staaten einsetzt, erkennt Rockefeller sofort das Potenzial dieses Rohstoffs und will die horrenden Gewinne abschöpfen – aber nicht auf der unsicheren Seite der Produzenten stehend, sondern bei der Weiterverarbeitung, der Schaltstelle zwischen Förderung und Konsument. Er findet in Samuel Andrews einen begabten Techniker, der für ihn die Behandlung des Rohöls derart verbessert, dass es fast restlos weiterverwertet werden kann. Rockefeller erwirbt die erste Raffinerie, fertigt in einem weiteren Betrieb seine eigenen Transportfässer an, ist sein eigener Spediteur und nimmt schnell eine Schlüsselposition in der Ölindustrie ein.

Am 10. Januar 1870 entsteht unter seiner Führung die Standard Oil Company. Durch geheime Abmachungen mit den Eisenbahnlinien übt er eine weitreichende Kontrolle über den Transportweg des Öls aus. Raffinerien der Konkurrenz müssen ein Vielfaches des Transportpreises aufbringen, den Rockefeller zahlt. Korrespondenz mit seinen Verbündeten führt Rockefeller immer nur unter Decknamen und oft in verschlüsselten Codes. Dank eines dichten Spionagenetzes weiß er bestens über die finanzielle Lage seiner Konkurrenten Bescheid.

Sobald einer von ihnen in Schwierigkeiten gerät, muss er nicht lange auf einen Boten Rockefellers warten, der ihm den Verkauf nahelegt. All dies wird in salbungsvollen Worten und mit betonter Gutmütigkeit ausgeführt. Bleibt alle Überredungskunst umsonst, sieht sich der Verweigerer Drohungen, Streiks und Sabotageakten ausgesetzt, wobei Letztere nie offiziell mit Rockefeller in Verbindung gebracht werden können.

Innerhalb weniger Jahre steigt Rockefeller zur herrschenden Größe der Erdölindustrie auf. 95 % der landesweiten Raffinerien vereinigt er unter seiner Standard Oil Company, die sich zum mächtigsten Trust der Wirtschaftsgeschichte des 19. Jahrhunderts entwickelt. Und da es kaum noch Alternativen für die Ölmänner gibt, an die sie ihr schwarzes Gold verkaufen können, drückt Rockefeller den Ankaufspreis für ihr Rohöl immer weiter. Während er ein Vermögen macht, erzielen Männer wie Byron Benson nur einen Bruchteil seines Gewinns.

Wenn Rockefeller geschäftlich in die Ölregion reist, herrscht allein vom Aussehen her eine unüberwindbare Barriere zwischen den verschrobenen Ölmännern und ihm, dem gut gekleideten Millionär mit seinem gepflegten Äußeren, dem »Mephistopheles von Cleveland« – wie sie den meistgehassten Mann jener Zeit auch nennen.

Die Männer sind nicht bereit, so einfach Rockefellers selbstherrliches Auftreten zu tolerieren. Aus diesem Grund hat Benson im Mai 1878 die Ölmänner zu sich ins Haus eingeladen.

Ölfunde in Pennsylvania

Shamburg, schnell wachsende Stadt in der Ölregion

Rockefeller, »die Krake«

Aber die Stimmung ist gedrückt. Denn während der Jahre haben die Ölmänner schon einige Male versucht, gegen Rockefeller anzugehen. Zu Hunderten sind sie geschlossen gegen ihn angetreten und sind am Ende doch immer an Rockefellers Machtfülle gescheitert.

Bereits 1872 ist es zum ersten Aufeinandertreffen der verfeindeten Parteien gekommen. Es ist ein erbitterter Kampf um die Kontrolle des Erdöls, oder wie die Zeitungen schreiben: der »Ölkrieg«.

Als Reaktion auf die geheimen Absprachen zwischen der Standard Oil Company und etlichen Eisenbahngesellschaften wird nach einer Massenversammlung, an der mehr als 3000 Ölmänner teilnehmen, die »Union der Produzenten« gegründet. Unter ihnen auch Byron Benson. Erste Handlung dieser Interessenvertretung: ein Aufruf an alle Richter, Senatoren und Kongressmitglieder des Bundesstaates Pennsylvania. Es wird ein Gesetz gefordert, das Rockefellers Handeln Einhalt gebieten soll.

Obwohl die unterzeichnete Petition Dutzende Meter lang ist und fast zehntausend Namen trägt, ist kein Politiker oder Richter bereit, gegen Rockefeller vorzugehen. Sei es, dass sie einen Konflikt mit Rockefeller scheuen, sei es, dass sie gezielt von Rockefeller protegiert werden. Auch in der Hauptstadt müssen die Ölmänner die gleiche Erfahrung machen. Rockefeller kontrolliert landesweit die Politik.

Obwohl es scheint, als seien sie chancenlos ihrem Gegner ausgeliefert, wollen die Ölmänner doch nicht aufgeben. Im Frühjahr 1876 treffen sie sich nochmals. Hunderte sind zusammengekommen mit einigen der wenigen unabhängigen Raffineriebesitzer. Seit Stunden debattieren sie in dem viel zu kleinen Versammlungssaal in Baltimore an der Atlantikküste, wie sie gegen

Rockefeller vorgehen sollen, nachdem alle politischen und gerichtlichen Schritte versagt haben. Die Stimmung heizt sich immer mehr auf. Kaum jemanden hält es noch auf seinem Stuhl.

Wenn sie ihr Erdöl doch selbst zum Atlantik und zu den wenigen von Rockefeller noch unabhängigen Raffinerien bringen könnten. Aber alle Eisenbahnlinien sind nach wie vor eng mit ihrem Erzfeind verbunden. Auf ihren Schienen darf das Öl nur zu Rockefellers Raffinerien geliefert werden. Ein scheinbar unlösbares Dilemma.

In einer Ecke sitzt Byron Benson und hört aufmerksam zu. Denn die Idee, über die jetzt diskutiert wird, wird ihn später nicht mehr loslassen. Einer der ältesten Ölmänner erinnert sich an eine Vorrichtung, mit der sie sich bereits in den Anfangsjahren gegen Transportmonopole zur Wehr gesetzt hatten. Damals hatten sie ihre Gegner schnell in die Knie gezwungen – mit einer Waffe, die jetzt auch gegen Rockefeller eingesetzt werden könnte: einer Rohrleitung für Öl.

Das ganze Transportwesen des Öls war in der ersten Zeit ein heilloses Chaos. Größtenteils wurde das Öl in Fässern, den sogenannten »barrels«, auf dem Wasser transportiert. Ein Begriff übrigens, der später als Maßeinheit für knapp 160 Liter Öl bestehen geblieben ist. Der Fluss, der sich durch Pennsylvanias Ölregion schlängelte und der verharmlosend »Oil Creek« (»Ölbach«) genannt wurde, war äußerst launisch. Nur zu oft strandeten die Flöße mit ihrer kostbaren Ladung an seinen Ufern. Im Sommer ließ man in regelmäßigen Abständen kurzerhand die Wehre vieler am Fluss gelegener Mühlen schließen und öffnete sie dann, um mit der Flutwelle Gestrandetes wieder flottzumachen und ganzen Scharen von weiteren Fuhrschiffen die Weiterfahrt zu ermöglichen. Schiffe und Flöße kollidierten dabei natürlich miteinander, schlitzten sich gegenseitig die Fässer auf oder kenterten bei dieser brachialen Aktion, die zweimal in der Woche durchgeführt wurde und jeweils bis zu 200 Flöße auf eine mörderische Reise schickte.

Lagen die Ölfelder zu weit vom Fluss entfernt, mussten Fuhrmänner die kostbare Fracht zur nächsten Eisenbahnstation transportieren. Ein eigentliches Wegenetz existierte nicht. Stattdessen gab es einen ungeordneten Wirrwarr von tiefen Wagenspuren. Blieb ein Gefährt stecken, stauten sich weitere Fuhrwerke zu Dutzenden dahinter.

Wurden die Routen zu unwegsam, bahnten sich die Karren einfach neue Strecken, oftmals durch bebaute Felder, was den Unmut der Farmer nach sich zog und nicht selten in Schießereien endete. Welche Wege die Fuhrleute aber auch immer wählten, innerhalb kürzester Zeit verwandelten sich diese durch austretendes Öl zu einer Strecke voller morastiger Tümpel, in denen die Pferde bis zum Bauch einsackten. Allein 6000 Fuhrwerke waren täglich in der Ölregion damit beschäftigt, das Erdöl weiterzubefördern.

Doch nicht nur der unsichere Transport war den Ölmännern ein Dorn im Auge. Die Fuhrleute verlangten damals für wenige Kilometer bis zur nächsten Eisenbahnstation ein Vielfaches des Preises, den die restliche und erheblich längere Eisenbahnfahrt zu den Raffinerien kostete. Man hatte es mit einer gleichsam mafiaähnlichen Gilde zu tun, die den Transport unter sich aufteilte. Neue Anbieter wurden schnell und handgreiflich zum Aufgeben gezwungen. Aus diesem Grund suchten die Ölmänner händeringend nach einem neuen Transportmittel für ihr Öl.

Der Ingenieur Samuel Van Syckle fand eine Antwort. Er errichtete die erste Rohrleitung der Welt, um den Öltransport in die eigene Hand zu nehmen. Die Röhre mit einem Durchmes-

Schwarzes Gold

Öl ist inzwischen der Motor unserer globalen Wirtschaft. Ob wir mit dem Auto fahren, in den Urlaub fliegen oder heizen – Erdöl ist immer noch der Garant unserer Mobilität und Energieversorgung. 84 Millionen Fass des kostbaren Rohstoffs werden täglich auf unserem Planeten verbraucht. Ein gigantischer Ölsee mit einem Volumen von 13 Milliarden Litern. Und ein Ende der stetig steigenden Nachfrage ist nicht Sicht, vor allem wegen aufstrebender Industrienationen wie Indien oder China.

Kriege wurden und werden geführt, um den ungehinderten Zugang zum schwarzen Gold zu gewährleisten. Denn steigende oder fallende Ölpreise entscheiden über das Wohl oder Wehe jeder Volkswirtschaft, fällen das Urteil über Haussen oder Baissen an den weltweiten Aktienbörsen.

Mit hohem technischem Aufwand wird nach immer neuen Quellen dieses Wirtschaftselixiers gesucht und in immer abgeschiedenere Gebiete unseres Planeten vorgedrungen.

amster bei
r Arbeit

Ölfässer warten auf den Weitertransport

Moderne Pipeline im Oman

ser von knapp vier Zentimetern wurde bergab über eine Distanz von 6,5 Kilometern verlegt. Durch sie konnten 60 Barrel Öl am Tag fließen. Für die Fuhrleute bedeutete dies eine existenzielle Bedrohung. Kurzerhand gruben sie die unterirdisch verlegte Röhre aus und zerstörten sie. Ölbehälter am Ende der Leitung steckten sie in Brand. Den Betreibern der Pipeline drohten sie, ihre Ölquellen anzuzünden, falls sie nicht ihr Projekt aufgeben würden. Doch die damaligen Ölmänner ließen sich nicht einschüchtern. Schließlich trugen bewaffnete Soldaten dafür Sorge, dass die Ölröhre nicht weiter beschädigt wurde. Das Monopol der Fuhrleute war gebrochen.

Und es gibt nur eine Antwort auf die Frage, wie sich Öl und Gas schnell, sicher und kostengünstig von diesen entlegenen Fördergebieten zum Verbraucher transportieren lassen: Pipelines.
Ein Netz von Stahlröhren, über drei Millionen Kilometer lang, überzieht unseren Globus. Von den Eiswüsten Alaskas und Sibiriens bis zu den leblosen Einöden der Arabischen Wüste, von den Tiefen der Weltmeere bis zu den Höhen des Kaukasus – diese Adern sind das unverzichtbare Distributionsnetz, das Öl und Gas von der Quelle zu den Industriezentren pumpt.
Wer dieses Netz kontrolliert, besitzt Macht, hält alleine durch Androhung der Drosselung von Durchflussmengen einen wichtigen Joker im weltweiten Machtpoker in der Hand.
Täglich wird dieses Netz auf allen Kontinenten und in allen Weltmeeren ausgebaut. Wöchentlich kommen hunderte Kilometer hinzu.

Solche Rohrleitungen blieben aber eine Randerscheinung für den Transport von Öl. Die längste Leitung wurde 1874 zwischen Millerstown und Clairview nahe Pittsburgh von einem gewissen Doktor David Hostetter gebaut, dem Hersteller der damals berühmt-berüchtigten Magenmedizin Hostetter Bitter. Mit einer Länge von 45 Kilometern und einem Durchmesser von fast acht Zentimetern war sie schon eine stattliche Fernleitung. Aber in ihr schien auch das Maximum des technisch Möglichen erreicht.

Es war kein anderer als Byron Benson, der diese Conduit Pipeline, wie sie hieß, betrieben hatte. Schon hier machte er mit Rockefellers Widerstand und dem der Eisenbahngesellschaften erste Erfahrungen. Seine Pipeline musste die Strecke der Pennsylvania Railroad queren. Nach der ersten unterirdischen Verlegung wurde die Röhre von Eisenbahnern wieder ausgegraben und mit einer Dampflokomotive weggerissen. Jegliche erneute Querung wurde von Gerichten mit dem Verweis auf das verweigerte Wegerecht abgelehnt.

Daraufhin ließ Benson zu beiden Seiten der Eisenbahnstrecke Tanks errichten und das Öl mit Fuhrwerken von einem Tank über die Gleise zum anderen transportieren, von wo es dann wieder durch die Pipeline weiterfloss. Mit diesem genialen Schachzug konnte Benson Rockefellers Monopolstellung zumindest teilweise unterminieren. Trotz der daraus resultierenden, erheblichen Verzögerung arbeitete die Pipeline wirtschaftlich. Als aber Rockefeller alle unabhängigen Raffinerien in Pittsburgh aufkaufte und ein Alternativplan Bensons, das Öl mit einer Eisenbahn bis nach Baltimore weiterzutransportieren, von Rockefeller ebenfalls torpediert wurde, musste die Pipeline an ihn verkauft werden.

Aufgrund seiner früheren Erfahrungen ist Bensons Rat an diesem Tag der Ölmänner-Versammlung in Baltimore gefragt. Seine Meinung ist von großem Gewicht für viele. Vehement setzt sich Benson für ein neues Pipelineprojekt ein – trotz seiner damaligen Niederlage in der Auseinandersetzung mit Rockefeller. Es sei klar, so Benson, dass mit Pipelines ein neues Mittel des Öltransportes möglich sei, sodass man unabhängig von Eisenbahnen und Fuhrleuten operieren könne. Die Anwesenden sind von der Idee begeistert. Mit großer Mehrheit wird der Plan angenommen, ihr Öl durch eine 500 Kilometer lange Pipeline aus dem Herzen der Ölregion direkt nach New York zu transportieren, obwohl die technischen Probleme des Unternehmens unlösbar erscheinen. Auch Benson mahnt. Die Pipeline sei sicherlich die Lösung, aber man dürfe die Größe der Aufgabe nicht unterschätzen.

Die geplante Trasse muss das 850 Meter hohe Alleghenygebirge überwinden. Wie soll das Öl bergauf fließen? Pipelines werden bisher nur bergab verlegt und können bestenfalls leichte Steigungen überwinden. Hinzu kommt, dass die Eisenbahngesellschaften es nicht dulden, dass eine Pipeline ihre Strecken unterläuft. Bis zu den Gleisen gerne, von wo Züge das Öl weiterbefördern. Aber weiter auf keinen Fall, wie Benson von früher weiß.

Seine mahnenden Worte gehen aber ungehört im allgemeinen Jubel unter. Es handle sich schließlich darum, Rockefeller zu besiegen, und die Pipeline sei der einzige Ausweg, so undurchführbar der Bau auch erscheinen möge. Am Ende stimmt auch Benson dem Plan zu. Die Führung des Projekts übernehmen aber andere. Noch wagt er sich nicht so weit nach vorn.

Im Sommer 1876 wird das Pipeline-Projekt publik gemacht. Die ganze Ostküste redet nur noch davon. Die Zeitung »New York Graphic« vergleicht das Projekt mit so riesigen Unternehmungen wie dem Bau der Brooklyn Bridge, des Hell Gate, der Eisenbahnbrücke in New York und des Tunnels unter dem Hudson River.

Rockefeller fährt sofort eine Armada von Ingenieuren auf, die das gewagte Vorhaben in der Luft zerreißen. Keine Pumpe existiere weltweit, die das Öl bergauf pumpen könne. Und selbst wenn dieses Problem gelöst sei, wie sollte die Dichtheit tausender von Fugen gewährleistet und eine Verseuchung der Umwelt vermieden werden? Aber die Ölmänner haben einen der besten Ingenieure des Landes engagiert: General a. D. Herman Haupt.

Im Sezessionskrieg ist Haupt als »Lincolns Eisenbahnmann« in die Geschichte eingegangen und hat später am längsten Tunnel seiner Zeit mitgewirkt: dem Hoosac-Tunnel. Niemand scheint besser dafür geeignet zu sein, die größte Pipeline der Welt zu bauen und den Skeptikern den Wind aus den Segeln zu nehmen.

Haupt beginnt mit der Vermessungsarbeit und berechnet die Trasse über die Berge. Er lässt erste Entwürfe für leistungsstarke Pumpen anfertigen und beteuert in der Öffentlichkeit, die

General Herman Haupt

Im »Oil Creek« gestrandete Flöße

Öltransport per Wagen und Bahn

Transportkosten würden später einen Bruchteil von denen der Eisenbahn betragen.

Rockefeller lässt im Gegenzug durch Journalisten verbreiten, die Pipeline solle später nur der geheimen Beförderung von Alkohol dienen. Den Farmern, über deren Gebiet die Pipeline gelegt werden soll, erzählen Rockefellers Männer, austretendes Öl werde ihren Boden und ihr Vieh verseuchen. Und nicht zuletzt lässt Rockefeller in der Geschäftswelt verlautbaren, die Finanzbasis des Unternehmens sei unsolide.

Rockefellers Propaganda zeigt Wirkung. Immer mehr Menschen distanzieren sich von dem Projekt. Und als schließlich finanzielle Engpässe während der Planungsphase auftreten, bedeutet dies das vorläufige Ende des hochumjubelten Pipelinebaus. Noch bevor Haupt seine Entwürfe umsetzen kann, ist das Unternehmen bereits bankrott. Der erste Versuch, eine Röhre zum Meer zu legen, ist damit gescheitert, Rockefeller beruhigt.

Benson ist trotz des missglückten Versuchs mehr denn je sicher, dass eine eiserne Fernleitung der einzige Ausweg aus der prekären Lage der Ölmänner ist. Man habe in der Planung nur zu viele Fehler gemacht und vor allem Rockefellers Widerstand unterschätzt, lässt er Freunde und Kollegen wissen. So ein Projekt müsse im Geheimen entwickelt werden. Der Übermut der Ölmänner, allein ihr Enthusiasmus werde schon ausreichen, Rockefeller in die Knie zu zwingen, habe den Untergang bewirkt. Man müsse so ein Projekt umsichtig im Verborgenen planen und Rockefeller vor gleichsam vollendete Tatsachen stellen. Und doch – vorerst bleibt es bei dieser allgemeinen Fehleranalyse. Es besser machen will Benson zunächst nicht.

Erst nach dem Tod seiner Frau im Jahre 1878 entschließt sich Benson, den Plan der Seaboard Pipeline nochmals anzugehen.

Dort, wo die anderen versagt haben, will er triumphieren. Bisher war sein Handeln immer von Konservatismus und Bedachtsamkeit bestimmt. Aber alle seine bisherigen Prinzipien, die ihn zielstrebig, sicher und erfolgreich durch das Geschäftsleben geführt haben, wirft er für diese Pipeline-Mission über Bord. Ganz im Alleingang kann und will Benson seinen Plan allerdings nicht verwirklichen. Er braucht finanzielle Unterstützung. Deswegen hat er an diesem Maiabend des Jahres 1878 die Ölmänner zu sich nach Hause eingeladen, denen er am meisten traut. Ihnen unterbreitet er mit viel Verve seinen Plan.

Aber die Stimmung ist gedrückt. Niemand will Benson vor den Kopf stoßen und ablehnen, aber allzu gegenwärtig ist jedem noch die Niederlage beim letzten Pipelineprojekt. Damals waren sie zu Hunderten, die das Vorhaben unterstützten. Was sollen sie jetzt als nur ein halbes Dutzend ausrichten können?

Benson besitzt innerhalb der Ölmänner zwar einen Ruf als vertrauenswürdiger Geschäftsmann, aber nicht mehr. Er ist keine Führungspersönlichkeit, deren Wort großes Gewicht besitzt. Die Zurückhaltung unter den Versammelten ist groß. Doch Benson hört nicht auf, seine Gäste zu beschwören. Es sei ihre einzige und letzte Chance, und wenn sie jetzt nicht handelten, dann sei der Ölkrieg ein für alle Mal zu Rockefellers Gunsten entschieden. Er jedenfalls wolle lieber mit diesem Projekt untergehen, als weiter von Rockefeller herumgeschubst werden. Schließlich stimmen die Gäste doch zu. Die erste Hürde ist endlich genommen. Benson hat Mitstreiter für seinen verwegenen Plan gefunden.

Byron Benson wendet sich erneut an Herman Haupt. Der General a. D. ist sofort wieder Feuer und Flamme. Er beginnt, seine früheren Konstruktionsskizzen zu überarbeiten.

Haupt soll seine Arbeit hinter verschlossenen Türen durchführen und mit niemandem darüber sprechen. Heimlich wird die Expedition eines Vermesserteams vorbereitet, und der Mannschaft gelingt es, unbeobachtet in die Wildnis des Alleghenygebirges aufzubrechen. Hier soll das Gelände vermessen und die beste Trasse für die Führung der Pipeline erkundet werden. Gelegentlich besucht Benson die Männer, will sich auf den neuesten Stand der Arbeiten bringen. Doch jeder Besuch birgt Risiken. Rockefeller unterhält ein engmaschiges Spionagenetzwerk in der Ölregion. Zu viele Ausritte von Benson könnten auffallen.

Im Laufe der Vermessungsarbeit kristallisiert sich bald die beste Routenführung heraus. Die Pipeline soll vom Butler-Ölfeld am Allegheny River nach Baltimore führen, eine Strecke von knapp 400 Kilometern Länge. Dreißig Pumpen sollen das Öl vorwärts und über die zahlreichen Steigungen befördern.

Alles scheint exakt so zu laufen, wie Benson es im engen Kreis angekündigt hat. Doch im Herbst 1878 sind plötzlich die Zeitungen voll mit Berichten über sein Projekt. Auf den Titelseiten sind sämtliche Einzelheiten darüber nachzulesen. Sein Vorsprung scheint mit einem Streich dahin. Wer hat den Plan verraten? Eigentlich könnte es nur jemand aus dem Vermesserteam gewesen sein, denn die Ölmänner sind in die Einzelheiten des Projektstandes noch nicht eingeweiht. Eines scheint jetzt gewiss, Rockefeller wird alles unternehmen, um die Pipeline zu verhindern.

Doch Rockefeller bleibt zunächst gelassen. Mit wenig Mühe hatte er den ersten Versuch vereitelt, eine Pipeline von der Ölregion bis zum Atlantik zu verlegen. Damals standen fast alle Öl-

Pipelinebau

Bei Meldungen über heutige Pipelinebauten steht immer die Verlegung im Vordergrund. Das Schweißen der großen Rohre und das Absenken der oftmals mehrere Kilometer langen, stählernen Röhrenstränge, die von panzerartigen Traktoren in einen Graben abgelassen werden, sind imposante Bilder. Doch die wenigen Monate oder mitunter Jahre des Baus stellen nur den Schlusspunkt eines Projekts dar, das in der Regel bereits über ein Jahrzehnt vorher in Angriff genommen wurde.

Brauchte Benson 1878 nur das Wegerecht, um seine Pipeline bauen zu dürfen, steht heute ein aufwendiges und langwieriges Genehmigungsverfahren am Beginn jeder Pipelineplanung, oftmals sogar in mehreren Ländern, wenn die Leitung Staatsgrenzen überqueren soll. Allein für eine knapp 180 Kilometer lange Gaspipeline zwischen Lauterbach nördlich des Vogelsberges und Scheidt zwischen Koblenz und Limburg musste ein Papierberg an Akten und Genehmigungen vorgelegt werden, der aufeinandergestapelt doppelt so hoch wie der Kölner Dom in den Himmel ragen würde.

Die Trasse wurde anhand der geologischen Beschaffenheit des Bo-

männer hinter dem Projekt, Bensons neuer Plan wird hingegen nur von einer Handvoll Leute unterstützt. Daher misst Rockefeller dem Vorstoß nur wenig Bedeutung bei. Trotzdem setzt er vorsichtshalber sein Netzwerk von Spionen und Beziehungen darauf an, Genaueres über das Projekt herauszufinden. In dem ersten Brief eines Geschäftspartners aus der Ölregion heißt es beruhigend, man sehe keinen Grund zur Sorge, dass dieses Projekt gefährlich sein könne. Rockefeller fühlt sich in seiner Einschätzung bestätigt. Eine Fehleinschätzung von epochaler Tragweite, die über den weiteren Verlauf zugunsten Bensons entscheiden wird.

Hätte Rockefeller von Anfang an mit aller Macht die Pipeline bekämpft, hätten sich Bensons Mitstreiter, die bis dahin noch Vorbehalte hatten, sicherlich schnell aus dem Projekt zurückgezogen. So aber stachelt Rockefeller bloß ein paar Zeitungen dazu an, den Bau der Pipeline als undurchführbar darzustellen, und verhandelt mit einigen Farmern entlang der geplanten Trasse. Sie sollen dem Ölmann das Wegerecht verweigern.

dens ermittelt. Um den römischen Limes, ein UNESCO-Weltkulturerbe, musste ein großer Bogen geschlagen werden, und an einigen Stellen waren strenge Vorgaben für den Abschluss der Bauarbeiten einzuhalten.
Heutzutage sind behördliche Auflagen meist ökologischer Natur. Ob die Paarungszeit oder das Schlüpfen seltener Schmetterlinge oder die Brutzeit des Steinkauzes – auch die Umwelt mit all ihren tierischen Bewohnern muss in die Planungsphase einbezogen werden. Von großer Bedeutung ist zudem die geologische Vorsondierung zur Kalkulation der benötigten Sprengstoffmenge oder der Arbeitszeit. Schon ein einziger Fehler in dieser Phase der Planung kann später die Kosten des Projektes empfindlich in die Höhe treiben. Da Pipelineprojekte diese lange Vorlaufzeit haben, ist es bei dem unstillbaren Durst nach den fossilen Energieträgern schwierig, durch die rasant steigende Nachfrage entstehende Engpässe kurzfristig zu beheben. Das Gleiche gilt für Raffinerie- sowie Förderkapazitäten. Selbst wenn jetzt neue Pipelines geplant, Felder entdeckt und Raffinerien gebaut werden, dauert es Jahre, bis sie fertiggestellt sind und Wirkung auf die Weltwirtschaft ausüben.

Moderner Pipelinebau

Benson ist von Rockefellers vergleichsweise milder Reaktion überrascht, aber zu diesem Zeitpunkt erschüttert eine andere Hiobsbotschaft sein Projekt in den Grundfesten. Am Butler-Ölfeld, dort, wo der Bau seiner Pipeline beginnen soll, sinken die Förderquoten dramatisch. Immer weniger Öl sprudelt aus den Quellen. Der Förderdruck hat extrem nachgelassen. Niemand weiß, wie man den Niedergang aufhalten kann.

Moderne Ölförderung

1878 war der nachlassende Förderdruck für die Ölmänner noch ein unerklärliches Phänomen. Man nahm einfach an, die Pumpen hätten den letzten Rest aus den unterirdischen Kammern gefördert. Heute weiß man, dass immer noch bis zu 80 % des Öls unter der Oberfläche schlummern können. Ist eine Lagerstätte durch eine Bohrung erschlossen, steigt das Öl aufgrund des natürlichen Lagerstättendrucks eruptiv und fast von alleine an die Oberfläche. In dieser ersten Phase werden heutzutage in das Bohrloch Hochdruckkreiselpumpen oder Tiefpumpen abgesenkt, von denen bei Letzteren über der Erde nur der berühmte »nickende Pferdekopf« zu sehen ist.
Je nach Lagerstätte kann die Förderquote, die sogenannte »Entölung« der Lagerstätte, in dieser ersten Phase bis zu 50 Prozent betragen, bei hoher Viskosität aber auch nur 5 bis 15 Prozent. Bei den Ölquellen auf deutschem Boden beträgt die Quote zum Beispiel durchschnittlich nur 18 Prozent.
1878 sahen die Ölmänner ihre scheinbar leer gepumpten Ölfelder für vollkommen wertlos an, obwohl zweifellos der größte Teil des schwarzen Goldes noch unter ihren Füßen schlummerte.

Die Lage scheint für Benson brenzlig zu werden. Doch da wendet er den Blick in eine andere Richtung. Einige Kilometer weiter nordöstlich bei Bradford ist wenige Jahre zuvor ein neues Ölfeld erschlossen worden. Bis 1875 noch ein verschlafenes Nest, ist Bradford über Nacht zu einer Hochburg der Ölmänner geworden. 1878 leben dort bereits 4000 Menschen. 1000 Briefe treffen täglich im Postbüro ein, 250 Eisenbahnwaggons werden rund um die Uhr mit Öl befüllt. Bradford ist jetzt eine Stadt, die nie schläft. Nachts ist die Hauptstraße genauso betriebsam wie tagsüber.

Als die sinkenden Förderquoten beim Butler-Ölfeld bekannt werden, setzt der Höhenflug von Bradford gerade erst ein. Immer mehr Ölfelder werden erschlossen, die Bohrtürme schießen wie Pilze aus dem Boden. Anfang der 80er-Jahre werden 65 000 Barrel Öl pro Tag aus über 7000 Quellen gefördert.

Ohne zu zögern, ändert Benson die vorgesehene Streckenführung der Pipeline: Er verlegt den Startpunkt einfach vom Butler- zum Bradford-Ölfeld. Jetzt kommt ihm die vorzeitige Enthüllung seines Vorhabens sogar zugute. Während alle Welt ihre

Erst im 20. Jahrhundert fanden Ingenieure Verfahren, um auch das restliche Öl zumindest teilweise abzupumpen. Wenn der natürliche Ölfluss versiegt und auch Pumpen keinen weiteren Tropfen ans Tageslicht fördern, hilft nur noch die künstliche Erhöhung des Drucks in der Lagerstätte weiter. Mit Hochdruck wird Wasser oder Gas in die Lagerstätten injiziert. Auf diese Weise kann in Deutschland zum Beispiel der Entölungsgrad auf durchschnittlich 32 Prozent gesteigert werden. Das entspricht fast einer Verdoppelung der Fördermenge, aber immer bleiben noch zwei Drittel des kostbaren Rohstoffs im Boden.

Um auch noch dieses Öl an die Oberfläche zu holen, werden sogenannte tertiäre Gewinnungsverfahren angewandt. Bei diesen wird die Viskosität verringert. Heißes Wasser oder Dampf wird eingeleitet und über die Temperatur die Fließgeschwindigkeit des Öls erhöht. Mithilfe solcher Verfahren kann in Deutschland ein Nutzungsgrad von 45 Prozent, in Einzelfällen sogar von 60 Prozent erreicht werden. Das ist allerdings sehr kostenintensiv und kommt nur bei einem hohen Ölpreisniveau infrage. In naher Zukunft werden sie daher weltweit immer mehr an Bedeutung gewinnen.

Aufmerksamkeit auf das Butler-Ölfeld richtet, kann Benson heimlich sein Konzept überarbeiten und ein doppeltes Spiel treiben. Denn er hat mehr vor, als nur den Anfangspunkt der Pipeline zu verlegen.

Während Rockefellers Männer mit den Farmern an der vermeintlichen Haupttrasse verhandeln, kann Benson den von Rockefellers Standard Oil Company unabhängigen Eisenbahndirektor der Reading Railroad auf der anderen Seite des Alleghenygebirges davon überzeugen, das Öl bereits direkt hinter dem Gebirge in Empfang zu nehmen und von dort nach New York und New Jersey weiterzutransportieren. Ein genialer Schachzug. Die Reading Railroad ist mehr als glücklich, einen Vertrag mit Benson zu schließen, denn bisher ist sie aufgrund der geologischen Gebirgsbarriere vom Ölgeschäft ausgeschlossen geblieben.

Durch diese Vereinbarung verringert sich die Länge von Bensons Pipeline um mehr als die Hälfte auf 180 Kilometer, was aber noch immer ein Vielfaches aller bis dahin gelegten Röhrensysteme bedeutet. De facto hat Benson nur das einfachste Teilstück der gesamten Pipeline gestrichen. Das Gebirge und der reißende Allegheny River müssen nach wie vor überwunden werden.

Bensons Entschluss, die Trasse zu überarbeiten, erscheint überraschend aus der Not geboren und ist trotzdem viel effektiver als sein ursprünglicher Plan. Ein Zufall? Dass das Bradford-Ölfeld viel lukrativer und ergiebiger ist als das Butler-Ölfeld, war ebenso wie der Wunsch der Reading Railroad, am lukrativen Öltransport zu partizipieren, bereits vor 1878 offensichtlich. Warum hat Benson also nicht von Anfang an diesen viel effektiveren Plan ausarbeiten lassen?

Benson schiebt zwar den Verrat der von Herman Haupt ausgearbeiteten Streckenführung einem nie ermittelten Mitglied des Vermesserteams in die Schuhe. Aber es ist nicht ganz abwegig zu vermuten, dass er selbst für das Bekanntwerden gesorgt hat und dass es von vornherein seine Absicht war, von Bradford aus zu bauen. Dass die Berechnungen Haupts öffentlich werden, führt jedenfalls dazu, dass sich der Widerstand auf Haupts Trassenführung konzentriert. Ein Proteststurm, der es Benson ermöglicht, seinen eigentlichen Plan im Geheimen und ungestört zu verfolgen.

Auch kann Benson später aufgrund der geringeren Länge seiner neuen Pipelinetrasse der Kritik der Undurchführbarkeit des Projekts den Wind mit dem Argument aus den Segeln nehmen, die Trasse sei jetzt nur noch halb so lang. Zu solchen Annahmen würde es auch passen, dass Haupt völlig aus der Planung der neuen Streckenführung ausgeschlossen wird. Stattdessen gibt Benson dem Ingenieur Benton den Auftrag. Mit ihm hat Benson schon bei der Conduit Pipeline zusammengearbeitet. Benton hatte Benson damals den Vorschlag unterbreitet, die Blockade der Eisenbahngesellschaft mit zwei Tanks links und rechts von den Schienen und einem Transport über die Gleise per Fässer zu umgehen. Ihn hält Benson für einen ausgezeichneten Mann, dem er volles Vertrauen schenkt. Wäre alles wirklich nur Zufall, dann müsste es das Schicksal mit Benson ungewöhnlich gut gemeint haben.

Am 13. November 1878 ist es endlich so weit: Byron Benson gründet die Tidewater Pipe Company. Der Name steht für die Gezeitenwasser am Atlantik, dem Zielpunkt des Öls. Erst jetzt weiht Benson seine Partner in die neue Streckenführung ein. Sie sind überrascht und beeindruckt von der wagemutigen Strategie, obwohl viele logistische und technische Probleme noch als ungelöst gelten.

Zunächst muss Benson die Erlaubnis eines jeden Landbesitzers haben, dessen Grundstück seine Pipeline kreuzt. Obwohl sie größtenteils durch unwirtliches Gelände führt, sind es Dutzende Wegerechte, die Benson erhalten muss. Fehlt ihm nur eine Erlaubnis, sind die anderen Wegerechte vollkommen nutzlos.

Noch nie ist zudem eine Pipeline dieser Größenordnung realisiert worden. Zwar hat sich durch die Überarbeitung des Plans die Trasse halbiert, aber die Rohrleitung ist gleichwohl länger als alle bisher gebauten Pipelines zusammengenommen. Benson hat seinem Ingenieur klare Vorgaben gemacht. Er will nicht nur die längste, sondern auch die größte Pipeline aller Zeiten bauen. Um wirtschaftlich zu arbeiten, soll ihr Durchmesser mehr als 15 Zentimeter statt sonst acht Zentimeter betragen. Die Bautrupps müssen sich durch das unwegsame Gebirge kämpfen. Wie die Röhren überhaupt aneinandergefügt werden sollen, ist noch ein Rätsel. Und schließlich existiert weltweit keine Pumpe, die genügend Druck aufbauen kann, um das Öl über das Alleghenygebirge zu drücken.

Trotz dieser unlösbar scheinenden Hürden unterschreiben neun Ölmänner an diesem Abend in einem alten Büro im dritten Stock von Bensons bisherigem Firmensitz in Titusville die

Bohrtürme bei Pioneer Run

Kampf zwischen Ölmännern und Eisenbahnern

Gründungsurkunde. Weitere 17 folgen in den nächsten Tagen. Die Männer bringen die stattliche Summe von 625 000 Dollar für den Bau auf. Allein 250 000 Dollar investiert Franklin B. Gowen, der Präsident der verbündeten Reading Railroad, in das Unternehmen. Nach wie vor sind Bensons Partner skeptisch, aber sie sehen keinen anderen Ausweg. Benson und sein Plan werden zu ihrer letzten großen Hoffnung, endlich gegen Rockefeller zu gewinnen.

Jetzt, nachdem die Gründung und offizielle Registrierung der Tidewater Pipe Company gelungen ist und eine Geheimhaltung des Projekts nur noch schwer zu bewerkstelligen wäre, wird der neue Streckenplan auch der Öffentlichkeit präsentiert. Die Nachricht schlägt ein wie eine Bombe. Vor allem Rockefeller muss erkennen, dass er seinen Gegner unterschätzt hat.

War zuvor Rockefellers Widerstand gemäßigt ausgefallen, setzt er nach diesem Coup alle Hebel in Bewegung, um das Projekt zu Fall zu bringen. In der Presse bricht innerhalb kürzester Zeit ein Sturm der Entrüstung los, der von Rockefeller und seiner Standard Oil Company angefacht wird. Zeitungen in Philadelphia und Pittsburgh machen sich über das Projekt lustig, verspotten den Bau als »Benson's folly« – Bensons Verrücktheit. Ölverschmutzung und Verseuchung des Landes werden als Horrorszenarien hochgespielt. Austretendes Öl werde die Felder und das Vieh der Farmer vergiften, die so töricht seien, die Pipeline über ihren Grund verlegen zu lassen. Und vielleicht diene das Rohr in Wirklichkeit nur dem illegalen Transport von Alkohol.

Buchmacher bieten angesichts der unlösbar scheinenden technischen Schwierigkeiten 50 für einen Dollar Einsatz, falls Bensons Pipeline funktioniert. Viele setzen jedoch lieber mit hohen Beträgen darauf, dass Benson scheitert. Die Handelskammer spricht sich offiziell gegen die Pipeline aus. Farmer, deren Wegerecht Benson unbedingt braucht, werden von jetzt an permanent durch Rockefellers Mittelsmänner unter Druck gesetzt.

Benson ist trotz des aufgekeimten Widerstands guter Dinge. Er hat eine verlässliche Anwaltskanzlei mit dem Erwerb der Landrechte betraut. Sie baut einen Stall mit eigenem Postpferddienst auf, um den wichtigen Nachrichtenverkehr zu gewährleisten.

Im Vorfeld hat Benson bereits von vielen Farmern Wegerechte erhalten. Er ist ein Mann, dessen untadeliger Ruf ihm vorauseilt. Die meisten Farmer und Landbesitzer sind bereit, unter Auflagen das Transitrecht zu gewähren. Bei kultiviertem Land hat er die Pipeline zum Beispiel im Boden zu vergraben. Viele verknüpfen die Vertragsunterzeichnung mit einer Zeitvorgabe. Nur wenn die Pipeline innerhalb der nächsten sechs Monate gelegt wird, ist das Transitrecht gültig. Anderenfalls ist die Abmachung hinfällig.

Obwohl viele technische Probleme noch immer unlösbar scheinen, willigt Benson gezwungenermaßen ein. Nur so kommt er an die Wegerechte. Und Rockefeller reibt sich die Hände, denn es gibt viele Schwachstellen, die den Bau verzögern könnten. Auch finanziell ist Benson bereit, an das Limit seiner Möglichkeiten zu gehen, um sich Landrechte zu sichern. Der Farmer A. G. Olmsted will beispielsweise sein Land nur abtreten, wenn in der Kleinstadt Coudersport ein Telegrafenbüro eingerichtet wird. Benson beabsichtigt zwar, parallel zu seiner Pipeline eine Telegrafenlinie zu errichten, aber Coudersport liegt ein ganzes Stück von der Trasse entfernt. Vier Meilen Leitung müssten durch unwegsames Gelände gelegt und der Unterhalt eines rund um die Uhr besetzten Telegrafenbüros bezahlt werden. Und die Western Union muss noch von der Notwendigkeit überzeugt werden, obwohl der Anschluss unter finanziellen Aspekten unzumutbar ist. Doch der kleine Waldflecken bei dem gleichnamigen Dorf Olmsted ist eine Schlüsselstelle. Benson will hier eine seiner Pumpstationen errichten. Er stimmt den Forderungen zu und schafft es auch, die Western Union für diesen Plan zu begeistern.

Mit der Produktion der Pipelinerohre beauftragt Benson zwei Firmen: die Reading Iron Company und die National Tube Works. Sie stellen die Röhren her, die sechs Meter lang sind. Metallbleche werden um einen Kern rundgewalzt und dann der

Länge nach verlötet. Obwohl die beiden Hersteller unterschiedliche Qualitäten liefern, bleibt Benson keine Wahl, will er den Zeitplan und damit seine Vertragsklauseln mit den Landbesitzern einhalten.

Die Röhrenproduktion läuft auf vollen Touren, doch noch immer ist unklar, ob Benson überhaupt genügend starke Pumpen entwickeln kann. Wenn ihm das nicht gelingt, scheitert das ganze Unternehmen.

Bensons Pipeline soll 6000 Fass Öl am Tag weiterleiten. Bei Coryville, am Rand des Bradford-Ölfeldes, werden zwei riesige Tanks gebaut, jeder mit einem Fassungsvermögen von mehreren zehntausend Barrel Öl. Von dort soll eine erste Pumpe das Öl in die Pipeline vorwärtstreiben. In 28 Meilen Entfernung, in Olmsted mit einem Höhenunterschied von 500 Metern, soll eine zweite Pumpe das Öl bis zu den Gipfeln des Alleghenygebirges hochpumpen, von wo es dann der Schwerkraft folgend nach Williamsport hinabfließen kann. So zumindest die Theorie. Denn Benson weiß durch seine Erfahrung mit der Conduit Pipeline, dass keine weltweit existierende Pumpe diese Aufgaben bewältigen kann. Sie verlieren alle zu viel Dampf und damit zu viel Kraft, die aber jetzt dringend gebraucht wird, um die riesigen Ölmassen durch die Tidewater-Pipeline zu drücken.

Bensons Ingenieur Benton entwirft eine Pumpvorrichtung, deren Antrieb ausgelagert ist und so leichter optimiert und vor allem größer gebaut werden kann. Anstelle einer Pumpe entwickelt er eine Abfolge von drei Pumpköpfen, die genau aufeinander abgestimmt im Wechsel arbeiten. So entsteht ein kontinuierlicher Druck, während ein einzelner Pumpkopf, wenn er wieder hochfährt, immer eine Pause beim Vorwärtstreiben einlegt. Die erste »Triplex Pumpe« ist geboren. Sie ist die beste Pumpe ihrer Zeit. Aber wird sie den Herausforderungen des gewaltigen Projektes auch genügen?

Die Holly Company in New York State wird mit dem Bau der neuen Pumpe beauftragt. Es kommt zum ersten Test. Erwartungsvoll wird die Dampfmaschine in Betrieb gesetzt. Die Pumpzylinder sind aber nach bisherigen Maßstäben angefertigt worden und den hohen Druckanforderungen nicht gewachsen. In Strömen schießt das Öl aus der Pumpe heraus. Der Test endet in einem Desaster. Der Präsident der Holly Company merkt kleinlaut an, dass dieser Versuch ihm zum ersten Mal gezeigt habe, was Druck eigentlich bedeute. Er beginnt sofort, die Materialien für die hohe Beanspruchung zu optimieren. Für Benson entsteht durch dieses Fiasko eine große Ungewissheit. Wird sich sein Traum je erfüllen? Er kann nur hoffen, dass die verbesserte Maschine beim nächsten Mal hält.

Wenige Wochen später kommt es zum ultimativen Test. Der Präsident der Holly Company versichert, er habe die Maschine aus den besten zur Verfügung stehenden Materialien gebaut. Wenn sie nicht funktioniere, dann keine. Die Dampfmaschine wird erneut angeworfen. Unter den Augen von Benson, seinem Ingenieur, einigen Geschäftspartnern und der ganzen Belegschaft der New Yorker Firma baut sich der Druck auf. Dann wird die Pumpe in Bewegung gesetzt. Sie läuft. Nirgendwo tritt Öl aus. Die Laufleistung wird erhöht, und nach zwei Tagen Dauerbelastung sind sich alle sicher: Die Pumpe arbeitet einwandfrei. Das größte Unternehmen aller Zeiten kann tatsächlich gelingen. Der Erfolg beflügelt Benson und seine Mitstreiter. Sie wollen so schnell wie möglich mit dem Bau ihrer Pipeline beginnen.

Aber Ingenieur Benton will sichergehen, dass auch die Pipelinerohre dem gewaltigen Druck standhalten. Zwei Röhren werden aneinandergeschraubt, an der Verbindung ein Seil befestigt und ein Pferd seitlich angeschirrt. Benson und sein Ingenieur verfolgen, wie das Pferd mit der Peitsche angetrieben wird. Das Rohr hält die Beanspruchung aus. Der Ingenieur ist sich sicher, die Röhren werden sich auch später im Pumpenbetrieb bewähren.

Doch Benson gibt sich damit nicht zufrieden. Obwohl der Test abgeschlossen ist, will er wissen, was die Röhren aushalten, bis sie reißen. Ein zweites Pferd wird angeschirrt. Langsam beginnt sich die Verbindung zu verformen. Dann reißt sie – weit jenseits der Belastungsgrenze, die sie erreichen muss.

Benson ist bester Laune. Die Pumpen funktionieren, die neuen Rohre werden gefertigt und halten dem hohen Druck stand. Jetzt will er schnell mit dem Bau beginnen, will allen zeigen, dass sein Plan kein Hirngespinst ist. Sein Ingenieur wendet ein, dass noch ein Dutzend Wegerechte fehlen. Aber Benson will nichts mehr davon hören und befiehlt, die Bauarbeiten sofort in Angriff zu nehmen.

Bis zu diesem Zeitpunkt ist er zwar viele Wagnisse eingegangen, aber immer überschaubare. Jetzt beginnt er mit dem Bau,

Ölflotte am »Oil Creek«

Ölwaggons auf dem Weg zur Raffinerie

ohne das komplette Wegerecht in der Tasche zu haben. Doch so groß das Risiko auch ist, er sieht sich zu diesem Schritt gezwungen. Zögert er zu lange, könnte Rockefellers Propaganda das Projekt bereits im Keim ersticken. Zudem hat am 30. Januar 1879 die Reading Iron Company die ersten Röhren geliefert. Am 12. Februar folgen die der National Tube Works. Seine Partner werden langsam unruhig. Benson setzt auch auf einen Lawineneffekt: Er ist überzeugt, dass die Euphorie immer weiter zunehmen wird, wenn das Projekt erst einmal am Rollen ist. Doch er unterschätzt die Bedeutung der noch fehlenden Landrechte. Und es dauert nicht lange, da stellen sich bereits erste Schwierigkeiten ein.

Am künftigen Endpunkt der Pipeline bei Williamsport sollen die Bauarbeiten beginnen. Aber dort muss erst einmal die Schiene der Pennsylvania Railroad unterquert werden. Ohne Einwil-

Stresstest

Was im Herbst 1878 im Staate New York durchgeführt wurde, war der erste sogenannte Stresstest in der Geschichte des Pipelinebaus. Heute, 130 Jahre später, gehören solche Tests zum festen Repertoire der Materialprüfung von Rohren und ganzen Fernleitungen. Beim Bersttest wird ein Rohr an beiden Seiten verschweißt und so lange mit Wasser befüllt, bis es auseinanderplatzt. Zu Beginn werden kleine Folien mit exakt abgemessenen Quadraten angebracht. Diese Markierungen an der Außenwand der Pipeline geben während und nach dem Test Aufschluss darüber, wie sich der Stahl verhält. Denn das Rohr dehnt sich vor dem Platzen aus und damit auch die Quadrate. Dauer der Dehnung und Verlauf der Bruchstellen liefern wertvolle Hinweise für die Weiterentwicklung der Rohre.

ligung der Eisenbahnbesitzer ist ihm das jedoch nicht erlaubt. Und Benson ist aufgrund seiner früheren Erfahrungen mit derselben Eisenbahngesellschaft bei der Conduit Pipeline klar, dass die mit Rockefeller verbündeten Industriellen niemals ihre Erlaubnis geben werden.

Diesmal aber ist Benson fest entschlossen, es auf eine Konfrontation ankommen zu lassen. In einer Nacht-und-Nebel-Aktion lässt er am 22. Februar die Gleise unterqueren. Beim Morgengrauen zeugen nur noch dicke Bohlen und Ankerketten als Absperrung von dem nächtlichen Handstreich. Dutzende Arbeiter bewachen die Stelle und widersetzen sich der Aufforderung der Eisenbahner zurückzuweichen.

Die Situation eskaliert. Es kommt zum Kampf. Mit Hacken und Schaufeln wird der erste Ansturm der Eisenbahner erfolgreich abgewehrt. Dann aber müssen Bensons Männer kapitulieren. Die Pipeline wird von einer Lokomotive aus der Erde gerissen.

In der darauf folgenden Nacht werden durch Bensons Bautrupps abermals Röhren unter den Schienen und über den Boden der Pennsylvania Railroad verlegt. Immer wieder kommt es an den Schienen und beim weiteren Verlegen der Rohre zu erbitterten Kämpfen. Über mehrere Tage zieht sich diese blutige Auseinandersetzung hin. Benson muss erkennen, dass er auf diese Weise nicht gewinnen kann. Er setzt alles auf eine Karte und ruft die Gerichte an. Bisher waren diese fest in der Hand der

Normalerweise operiert eine Fernleitung heutzutage mit bis zu 80 bar Druck. Die Rohre bersten aber erst ab einem Druck von 180 Bar oder mehr. Das zeigt, wie sicher Pipelinerohre derzeit sind. Trotzdem gehen der Gesetzgeber und die Betreiber neu gebauter Pipelines vor Inbetriebnahme kein Risiko ein. Jede fertiggestellte Fernleitung wird segmentweise mit Wasser gefüllt. Allerdings nicht, bis das Rohr zerreißt, aber bis zum Doppelten des normalen Betriebsdrucks. Diese Prüfverfahren sind gesetzlich vorgeschrieben und sollen die Sicherheit gewährleisten. Denn eine geplatzte Pipeline hätte ökologische und ökonomische Schäden ungeahnten Ausmaßes.

Standard Oil Company, dennoch hofft Benson auf einen gnädigen und ehrbaren Richter.

Bereits 1872 hatten die Ölmänner dem Parlament in Pittsburgh eine umfangreiche Petition vorgelegt, die den Widerstand der Eisenbahngesellschaften gegen Pipelines aushebeln sollte. Hunderte Erdölbesitzer hatten unterschrieben und einen Freibrief für das Untertunneln von Eisenbahnstrecken gefordert. Ein Vorstoß, der sich gegen Rockefellers Kontrolle der Eisenbahnwege und -preise richtete. Obwohl die Petition bei öffentlichen Versammlungen, in einer landesweiten Pressekampagne und von großen Sympathien in der Bevölkerung unterstützt worden war, hatte Rockefeller die Abgeordneten dazu bringen können, das Untertunneln weiterhin nicht zu erlauben. Und auch diesmal ist sich Rockefeller sicher, dass die Justiz in seinem Sinne entscheiden wird.

Doch Benson hat Glück. Der Fall wird einem Richter namens Cummings zugewiesen, der Rockefeller und seiner Standard Oil Company wenig Sympathie entgegenbringt. Es kommt zur Anhörung. Der Anwalt der Eisenbahnlinie spricht von Gesetzesbruch, Bensons Anwalt von der Zukunft des Landes und der Frage, ob ein einzelner Mann das Ölgeschäft allein kontrollieren dürfe. Alles hängt für Benson von diesem Schiedsspruch ab, denn ohne richterliche Rückendeckung würde der Kampf an den Schienen endlos weitergehen.

Als das Urteil verkündet wird, herrscht Totenstille im Gerichtssaal. Alle Augen hängen an den Lippen des Richters. Und dann die Sensation: Cummings gibt dem Bau der Tidewater-Pipeline unter den Gleisen hindurch statt. Schließlich würde der Eisenbahnverkehr dadurch in keinster Weise behindert.

Als Rockefeller von dem Urteil erfährt, ist er außer sich. Der Richterspruch unterminiert seine Autorität in der Ölregion. Benson hingegen hat seinen ersten Sieg errungen. Einen Tag nach der Urteilsverkündung wird die Pipeline unwiderruflich unter den Gleisen der Pennsylvania Railroad bei Bottle Run/Williamsport hindurch verlegt. Jetzt kann Benson endlich beginnen, mit seiner Pipeline die Wildnis und das Gebirge zu bezwingen.

Bensons Ingenieur schlägt sein Lager in Williamsport auf, von wo aus er die Durchführung des Baus überwacht. Die Bautrupps dringen in ein Gebiet vor, das außer Indianern kaum ein Weißer jemals betreten hat. Vor allem zwischen Olmsted und Williamsport liegen 80 Meilen tiefste Wildnis. Von den Einheimischen wird das Gebiet nur »der schwarze Wald« genannt. Nicht ohne Grund. So trifft später einmal ein Pipelinemechaniker bei seinem Gang entlang der Trasse mitten in dem Wald auf eine verzweifelte Familie. Sie hat sich nach einem Ausflug hoffnungslos verlaufen und ist tagelang ohne jede Orientierung umhergeirrt, bis sie auf die Rohrleitung gestoßen ist.

Alleine bis dorthin vorzudringen, wo die Trasse gebaut werden soll, ist schon die reinste Odyssee. Bensons Bautrupps müssen völlig neue Wege für die Fuhrwerke schlagen. Es kommt vor, dass Transporteure, die an der Eisenbahnstation mit mehreren Dutzend Röhren losgefahren sind, nur mit einer einzigen Röhre bei den Bautrupps ankommen. Die restliche Ladung haben sie aufgrund eingesunkener Wagen und der unwirtlichen Strecke unterwegs abwerfen müssen.

Der eigentliche Bau ist straff organisiert. Zuerst stecken Vermesser die auf den Plänen festgelegte Trasse genau ab. Ein Räumungsteam folgt und bereitet das Gelände für die Verlegung der Röhren vor. Bäume werden gefällt, Steine entfernt und das Gelände so gut es geht eingeebnet. Dann kommt der eigentliche Bautrupp, der die Pipeline verlegt. Etwa 50 Mann, die vor Sonnenaufgang beginnen und bis in die Dunkelheit hinein im Schein von Petroleumlampen und Fackeln durcharbeiten. Parallel zur Pipeline wird eine Telegrafenleitung errichtet und alle fünf Kilometer ein kleiner Unterstand gebaut. Später sollen Streckenläufer die Pipeline überwachen und bei Problemen sofort per Telegraf Hilfe anfordern. Während des Baus dient die Drahtleitung der Kommunikation zwischen den Bautrupps und dem Büro in Williamsport.

Das Arbeitercamp, fast eine kleine Stadt aus Dutzenden Zelten mit Unterkünften, Gemeinschaftsraum, Küche und Stall, zieht den Trupps hinterher. Jeden Dienstag wird die Arbeit für einen halben Tag ausgesetzt. Am sogenannten Waschtag ist jeder Arbeiter verpflichtet, seine Kleidung zu reinigen. Ansonsten ist die Arbeit eintönigste Routine. Aufstehen um fünf Uhr dreißig, Frühstück zwischen sechs und halb sieben, Abmarsch um Punkt sieben. Einziger Höhepunkt ist die wöchentliche Lohnauszahlung durch einen Boten, der auf seinem Rückweg die Arbeitsberichte des Vorarbeiters mitnimmt.

Da bis zu diesem Zeitpunkt nur Pipelines mit einem Durchmesser von acht Zentimetern gebaut werden, Bensons Eisen-

Der Nachschub muß auf Schlitten transportiert werden

Eine Pipelinepumpstation

rohre aber doppelt so groß im Durchmesser sind, ist die Verlegung eine Herausforderung an Mensch und Material. Ventile, Eisenträger, Rohrverbindungen und Flansche: Alles muss völlig neu konzipiert werden, um Tausende solcher Pipelineröhren, jede sechs Meter lang, zusammenzuschrauben. Bensons Ingenieur hat spezielle Werkzeuge entwickelt: überdimensionale Zangen, die aussehen, als ob sie aus Gullivers Werkzeugkasten stammen. Fast anderthalb Meter lang, sind sie äußerst unhandlich und nur schwer zu bedienen. Kommt eine Wagenladung mit neuen Rohrstücken an der Baustelle an, werden die Rohre ausgelegt, dann mit den Zangen gegriffen, um sie zusammenzufügen. An beiden Seiten des Rohres ist außen ein Gewinde im Metall. Vier Männer müssen versuchen, mit den Zangen das Rohr passgenau in ein Verbindungsstück zwischen zwei Rohren festzuschrauben. Bei einer Rohrlänge von sechs Metern und einem Gewicht von 150 Kilogramm ein schwieriges Unterfangen. Oft verkanten die Rohre. Der Baufortschritt in den ersten Wochen ist entmutigend. Im ersten Monat schaffen die Männer nur 600 Meter. Bei dieser Geschwindigkeit würde der ganze Bau 25 Jahre dauern. Es scheint, als ob die Kritiker recht behalten, die sagen, das Projekt sei undurchführbar. Die Gefahr, dass terminierte Wegerechte auslaufen, schwebt wie ein Damoklesschwert über dem Bau der Pipeline.

Doch mit jeder Woche, die vergeht, werden die ungewohnten Handgriffe immer mehr zur Routine. Die Wochenleistung steigt sprunghaft an, beträgt schnell mehrere Kilometer am Tag.

Doch Fortuna scheint Benson nicht hold zu sein. Denn plötzlich brechen über die Männer heftige Schneefälle herein. Benson hat den Baubeginn mit Bedacht auf Ende Februar gelegt, wenn die härtesten Wintermonate normalerweise vorüber sind.

Nur vereinzelt haben Bensons Männer bisher mit Schnee zu kämpfen gehabt, im März hat sich der Winter aber sonst auch aus den höchsten Stellen verzogen. Doch was Bensons Männer Mitte März erleben, hat es dort noch nie gegeben. Es ist der härteste Wintereinbruch in der Geschichte Pennsylvanias. Schneewehen bis zu zwei Meter hoch versperren den Weg. Benson versucht, mit Schlitten den Nachschub aufrechtzuerhalten, aber immer wieder bleiben die Transportteams stecken.

Fast eine Woche lang hält der Winter das Alleghenygebirge fest in seiner eisigen Umklammerung. Der Zeitplan gerät erneut in Verzug. Um Fristen bei einigen Wegerechten überhaupt einhalten zu können, werden bereits verlegte Rohre einfach wieder auseinandergeschraubt und unter größten Mühen zu den kritischen Stellen gebracht. Auf einem Grundstück schaffen Bensons Leute es buchstäblich um fünf vor zwölf in der Nacht, die Leitung zu verlegen.

Nach zwei Wochen steigen die Temperaturen endlich wieder. In wenigen Tagen ist der Schnee fast überall geschmolzen, und die Bautrupps können ungehindert an der Pipeline weiterbauen. Aber Benson hinkt seinem Zeitplan hinterher. Er muss weitere Leute einstellen, lässt mehrere Teams an verschiedenen Bauabschnitten arbeiten und setzt auch nachts eine Schicht ein. Auf diese Weise ist er sicher, den Zeitverlust schnell wieder aufzuholen.

Doch plötzlich erreicht Benson ein Telegramm mit einer erschütternden Nachricht. An den Baustellen steht die Arbeit still. Der Nachschub an Röhren ist fast vollständig zusammengebrochen.

Schnell ist des Rätsels Lösung gefunden. Rockefeller hat die mit ihm verbündeten Eisenbahndirektoren unmissverständlich darauf hingewiesen, dass es auch in deren Interesse sei, Bensons Nachschub zu behindern. Mit den abenteuerlichsten Begründungen werden Züge mit Pipelineröhren für Bensons Bauprojekt aufgehalten. Man suche in den Güterzügen nach entflohenen Häftlingen, oder die Sicherheit der Lokomotiven müsse überprüft werden.

Wie schon der Wintereinbruch zuvor bedeutet auch diese Verzögerung eine existenzielle Gefährdung für Bensons Projekt. Jetzt rächt sich, dass er überhastet dem Wegerecht mit einer zeitlichen Terminierung zugestimmt hat. Er lässt eigene Männer auf den Zügen mitfahren, um den Transport zu beschleunigen.

Manchmal gelingt es, oft aber nicht. Benson ruft sogar die Gerichte an, die auch in seinem Sinne entscheiden. Der Nachschub kommt jetzt zwar besser an, aber immer wieder greifen die Eisenbahngesellschaften zu neuen Finten, um seine Transporte aufzuhalten.

Moderner Pipelinebau

Auch heute ist jeder Pipelinebau ein Großprojekt mit straffer Organisation. Nicht weniger als 13 Arbeitsschritte führen die Baupläne auf. Im Abstand von nur wenigen Tagen beginnen die Gewerke nacheinander mit ihrer Arbeit.

Am Anfang steht die sogenannte TV-Fremdleitungssuche. Von Hubschraubern aus wird nach jeder einzelnen Leitung gesucht, welche die Trasse kreuzt. Zwar sind im Vorfeld alle Karten und Pläne eingehend studiert worden, aber nicht immer sind Kabel oder Leitungen vollständig erfasst. Durch Untersuchung der Bodenbeschaffenheit aus der Luft kann unterirdisch Verlegtes aufgespürt werden. Schließlich will kein Baggerführer eine böse Überraschung erleben, wenn er mit seiner tonnenschweren Schaufel ins Erdreich fährt.

Der zweite Schritt besteht aus dem Abtragen und seitlichen Lagern des Mutterbodens. Danach beginnt die Rohrausfuhr. Von zentralen Lagerplätzen aus, die wie Perlen einer Kette längs der Trasse aufgereiht sind, werden die Rohre auf die Trasse gebracht. Sie müssen beim Hersteller einige Jahre im Voraus bestellt werden, so hoch ist der aktuelle Bedarf an den Stahlröhren. Um ihre Ummantelung nicht zu beschädigen, werden sie mit Saugkränen auf Sattelschlepper geladen und an der Trasse auch so wieder abgelegt. Ihr Gewicht von bis zu acht Tonnen wird nur durch ein Vakuum gehalten. Ist an einer Stelle der Trasse eine Kurve zu ziehen, werden die Rohre in Biegemaschinen in Form gebracht.

Dann kommen die Schweißercrews an die Reihe. Im Schutz von fünf Zelten, durch Kettenfahrzeuge kontinuierlich weitertransportiert, werden die Pipelinerohre in fünf Lagen millimetergenau verschweißt. Die schwierigste Schweißnaht ist immer die erste, die sogenannte »Wurzel«. Nur die besten Schweißer mit jahrelanger Erfahrung werden dafür eingesetzt. In den 60er- und 70er-Jahren waren solche Experten die Könige des Pipelinebaus. Sie hatten sogar Gehilfen, die ihnen die Handschuhe anzogen. Tagesgagen von 700 Dollar und mehr, damals eine sehr hohe Summe, waren üblich. Diese goldenen

Doch diese Verschleppungstaktik von Rockefeller und den mit ihm alliierten Eisenbahngesellschaften ist in Wirklichkeit nur ein Ablenkungsmanöver, ein Schachzug in einem kühl von Rockefeller entwickelten Plan. Er weiß inzwischen, dass Benson noch ein Dutzend Wegerechte fehlen, und versucht, sich diese

Zeiten sind für die heutigen Schweißer vorbei. Akkordarbeit bestimmt nunmehr ihren Alltag. Trotzdem sind sie nach wie vor Könige des Pipelinebaus, denn bereits eine einzige unsaubere Naht bedeutet, dass mit der Flex das Rohr wieder getrennt und dann nochmals verschweißt werden muss. Jede Naht wird daher sowohl per Ultraschall als auch mithilfe einer Röntgenaufnahme überprüft. Dann werden die Schweißnähte noch isoliert.
Nachdem anschließend die Gräben ausgehoben sind, lassen bis zu 50 Tonnen schwere Pipelinetraktoren einzelne, manchmal bis zu drei Kilometer lange Segmente der Pipeline ab.
Das Gewicht der Pipelinestränge kann weit über 1000 Tonnen betragen. Es sieht zwar spielerisch aus, wenn der schwebende Röhrenstrang elastisch, einer gigantischen Spaghettinudel gleich, in sein metertiefes Bett abgesenkt wird. Aber kippt nur einer der Traktoren um, kann dies eine gefährliche Kettenreaktion auslösen. Das Unfallrisiko ist beim Pipelinebau nicht höher als auf irgendeiner anderen Baustelle, aber wenn etwas passiert, sind aufgrund der hohen Gewichte die Folgen schwerwiegend. Es ist eine traurige Tatsache, dass auf den weltweiten Pipelinebaustellen immer wieder Menschenleben durch Unachtsamkeit oder Bedienfehler zu beklagen sind.
Bei Flüssen oder Autobahnen wird der Pipelinestrang durch Bohrverfahren unter den Hindernissen hindurch gedrückt. Ganz am Ende werden die Gräben verfüllt und als oberste Schicht der zuvor abgelagerte Mutterboden aufgetragen und die Landschaft rekultiviert.
Nach wenigen Jahren schon kommt niemand mehr darauf, dass unter einem Weizenfeld oder einem kleinen Fluss eine Pipeline liegt, durch die Hunderttausende von Kubikmetern Gas oder Öl pro Stunde strömen.
Jährlich wird das bestehende Pipelinenetz um 25 000 bis 50 000 Kilometer erweitert. Drei Millionen Kilometer lang ist es weltweit heute – eine Rohrleitung, die sich 75 Mal um den Äquator schlingen ließe.

Moderne Version des Pipelinebaus

Schweißercrew bei der Arbeit

heimlich durch Mittelsmänner zu sichern. Während Benson beschäftigt ist, den Nachschub wieder in Gang zu bringen, kauft Rockefeller immer mehr Landparzellen im Alleghenygebirge auf. Er will von Nord nach Süd einen durchgängigen Landstreifen besitzen, um der von Nordwest nach Südost laufenden Pipeline endgültig den Weg abzuschneiden. Lange lassen sich Rockefellers Bemühungen jedoch nicht geheim halten. Was sich in den folgenden Wochen im Alleghenygebirge abspielt, wird als »der Landkrieg« in die Lokalhistorie eingehen.

Benson schickt mehrere Vermesserteams aus, um Alternativrouten zu berechnen und gleichzeitig Rockefeller auf falsche Fährten zu locken. Farmer, die im ganzen Jahr kaum einen Menschen zu Gesicht bekommen, erhalten jetzt täglich mehrmals Besuch, sowohl von Bensons wie auch von Rockefellers Agenten. Es ist ein Katz-und-Maus-Spiel, wer welche Parzelle als Erster erhält.

Rockefeller hat immense Geldmittel zur Verfügung. Er ist bereit, für eine kleine Farm inmitten tiefster Wildnis 250 000 Dollar zu zahlen, nur um Benson zu blockieren. Der Farmer ist über Nacht ein reicher Mann und Rockefeller Besitzer einer Farm, die er einfach verkommen lässt. Mit dessen finanziellen Mitteln kann Benson nicht mithalten. Sein Trumpf ist die Antipathie der Bevölkerung gegen Rockefeller. Benson reist persönlich zu den Farmern, will sie unter vier Augen von seinem Vorhaben überzeugen. Aber alle seine Versuche werden auf rätselhafte Weise von Rockefeller und seinen Agenten vereitelt.

Immer kurz nach Benson tauchen Rockefellers Mittelsmänner auf und bieten hohe Geldbeträge, denen die Farmer nicht widerstehen können. Es scheint so, als ob Rockefeller über jeden von Bensons Schritten genau Bescheid weiß. Der ist sich mittlerweile sicher, irgendwo innerhalb seiner Firma gibt es eine undichte Stelle. Aber trotz intensiver Nachforschungen kann er sie zunächst nicht finden.

Da wird eines Abends von Bensons Männern ein Landstreicher gefangen genommen und zu Benson gebracht. Der Mann hat sich auffällig oft im Telegrafenbüro von Williamsport aufgehalten. Von hier werden alle Telegramme Bensons an seine Bautrupps und seine Anwälte sowie Mittelsmänner aufgegeben.

Der Landstreicher beteuert, sich nur in die warme Telegrafenstube gesetzt zu haben, weil es draußen so kalt sei. Ein stundenlanges Verhör bringt aber schließlich die Wahrheit ans Licht. Der Landstreicher ist in Wahrheit ein Telegrafist, der für Rockefellers Standard Oil Company arbeitet. Er hat das Klicken des Telegrafen mitgehört, entziffert und die Inhalte der Telegramme heimlich aufgeschrieben. Wertvolle Informationen, die Rockefeller sofort ausnutzte, um jeder Taktik Bensons sofort entgegenwirken zu können. Nachdem die undichte Stelle beseitigt ist, kann Benson heimlich mit den Farmern verhandeln.

Da erhält Benson Nachricht von einem kleinen Landstück, das ihm durch seine besondere Lage den ersehnten Durchbruch bringen könnte. Es soll verkauft werden, eine Information, die ihm unter der Hand zugespielt wird. Der Kaufvertrag liegt bei einem Anwalt in Williamsport. Jetzt ist schnelles Handeln gefordert.

Bevor auch Rockefeller davon erfährt, schickt Benson einen Boten aus, den Kaufvertrag aus Williamsport zu holen. Am späten Nachmittag ist der Bote mit den Papieren in Port Allegheny zurück und eilt sofort nach Couldersport zu Bensons Anwälten. Diese sehen noch in der Nacht die Papiere durch, reiten sofort zum Farmer und lassen ihn unterzeichnen.

Jetzt besitzt Benson endlich das komplette Wegerecht für eine durchgängige Linie von Williamsport zum Bradford-Ölfeld. Aber er will kein Risiko eingehen. In einer Nacht-und-Nebel-Aktion werden die Röhren durch den neuralgischen Landstrich gelegt. Am Morgen schicken die Arbeiter einen Kurier zu Benson. Sie haben es geschafft. Rockefellers durchtriebener Plan ist gescheitert.

Benson sieht sich schon sicher am Ziel. Zwar müssen seine Männer noch den tückischen Allegheny River überqueren, einen im Sommer und Herbst beschaulichen Bach, der im Frühling aufgrund der Schneeschmelze zu einem reißenden Fluss anschwillt. Aber sein Ingenieur hat diesen Bauabschnitt präzise vorbereitet. Eine Hängebrücke wird gebaut, auf der die Rohrleitung sicher von einem Ufer zum anderen verlegt wird. Nur noch wenige Kilometer fehlen, um die Pipeline zu vollenden. Je weiter der Frühling Einzug hält, desto einfacher wird die Arbeit, aber gleichzeitig bedeuten die ansteigenden Temperaturen auch ein neues Problem, das bisher keiner bedacht hat.

Eines Tages reißt plötzlich die parallel zur Pipeline aufgebaute Telegrafenverbindung ab. Die Aufregung im Telegrafenbüro ist groß. So sehr man auch versucht, Kontakt zu den Bautrupps aufzunehmen, der Draht bleibt stumm. Benson wird alarmiert. Sofort schickt er ein Erkundungsteam aus. Er befürchtet das Schlimmste: Sabotage oder einen Angriff von Rockefellers Leuten.

Als seine Leute zurückkehren, scheinen sich die Befürchtungen zu bewahrheiten. An einer Stelle der Trasse haben sie ein Feld der Verwüstung vorgefunden. Pipelinerohre sind auseinander- und die Telegrafenmasten niedergerissen. Aber sie haben keinerlei Fußspuren entdecken können, so sorgfältig sie auch die Umgebung abgesucht haben. Es erscheint unerklärlich.

Doch Bensons Ingenieur kommt dem Geheimnis schließlich auf die Spur. Nicht Geister, sondern simple Physik ist für die Zerstörung verantwortlich. Die Röhren sind in der kalten Jahreszeit verlegt worden. Jetzt, da die Temperaturen steigen, dehnt sich das Metall aus. Spannung baut sich auf und setzt sich linear immer weiter fort, bis sie sich irgendwo entlädt. Die Rohre reißen auseinander und mähen die wenige Meter entfernt stehenden Telegrafenmasten wie Grashalme nieder.

Der Ingenieur bietet sofort seine Entlassung an. Schließlich hat er diese elementare Tatsache einfach in seiner Ausarbeitung unberücksichtigt gelassen. Aber Benson lehnt entschieden ab. Sie alle hätten Fehler gemacht. Dann müssten sie eben die gesamte Pipeline noch einmal verlegen, diesmal halt unter der Erde. Er weiß aber, dass er es nicht riskieren kann, noch einmal monatelang seine Bautrupps durch die Berge zu schicken. Das wäre eine Zeitverzögerung, die Rockefeller nicht ungenutzt verstreichen lassen würde.

An den Unglücksstellen sowie an einigen weiteren Orten werden zur Entlastung der gesamten Pipeline schnell die Rohre auf jeweils einen Kilometer Länge neu verlegt. Die Verlegung der gesamten Strecke unter die Erde will Benson erst vor dem nächsten Winter angehen. Jetzt zählt einzig, die Pipeline so schnell wie möglich einzuweihen.

Am 22. Mai 1879 erhält Benson die ersehnte Nachricht. Die Pipeline ist fertig. Die Pumpen sind einsatzbereit. Das Öl wird in den Tanks eingelagert. Benson lässt in allen Zeitungen die Einweihung öffentlich bekannt geben. Am 28. Mai will er die Ventile öffnen. Mehrere Dutzend Einladungskarten verschickt er persönlich an Politiker, Geschäftsleute und Freunde.

Rockefeller bleibt zu dieser Zeit erstaunlich gelassen. Nach seinem erfolglosen Widerstand scheint es so, als habe er sich mit der Niederlage abgefunden. Ein Brief, den er kurz vor der Einweihung an einen Freund schreibt, lässt daran jedoch zweifeln. Darin schreibt Rockefeller, er glaube nicht, dass die Pipeline von Erfolg gekrönt sein werde. Sicherlich würden noch Rückschläge eintreten. Ist Rockefeller einfach nur skeptisch gegenüber der neuen Technologie? Oder hat er ein Ass im Ärmel, einen letzten Plan, um das Projekt doch noch aufzuhalten?

Die Eisenbahngesellschaften müssen am 28. Mai 1879 Sonderzüge einsetzen, um des Zuschauerandranges überhaupt Herr zu werden. Aus dem ganzen Land reisen Schaulustige nach Coryville. Je näher der Mittag und damit das Anwerfen der Pumpen rückt, desto stiller wird es. Die Menge wartet gespannt, blickt auf das kleine Podest, auf dem Benson und einige seiner Mitstreiter stehen. Benson schaut auf eine eng gedrängte Menschenmasse, die in der unbarmherzigen Mittagsonne schwitzt.

Viele der Anwesenden hätten vor einem Jahr nicht einen Dollar darauf gesetzt, dass Benson so weit kommen würde. Und er macht sich nichts vor. Viele sind gekommen, um zu sehen, wie er vielleicht doch noch scheitert.

Dann ist der große Moment da: 12 Uhr. Langsam dreht Benson das Ventilrad auf. Die Pumpen beginnen zu schnaufen. Mit Schrittgeschwindigkeit wird das schwarze Gold auf seine Reise geschickt. Träge schiebt es sich mit dumpfem Dröhnen durch die Pipeline vorwärts. Einige unter den Anwesenden applaudieren. Benson kann den Enthusiasmus noch nicht teilen. Sechs Tage wird das Öl brauchen, bis es den höchsten Punkt der Strecke erreicht hat. Einen weiteren Tag, bis es von dort zu seinem endgültigen Ziel geflossen ist: der Verladestation bei Williamsport.

Pipelinebau in schwierigem Gelände

Im Inneren der Röhre

Zunächst läuft alles wie geplant. Doch plötzlich steigt der Druck in den Pumpen bedrohlich an. Man sucht bei ihnen nach Fehlern, findet aber nichts. Der Ingenieur rät dringend, die Maschinen sofort abzustellen. Benson zögert, will diese Schlappe nicht wahrhaben. Als der Druck die Maschine zu zerreißen droht, gibt Benson nach. Er lässt die Pumpen stoppen. Dann schickt er sofort Trupps entlang der Pipeline aus, um die Ursache für dieses Versagen zu finden. Hat man sich bei der Berechung des notwendigen Drucks verkalkuliert? Sind die Pumpen einfach zu schwach?

Die Trupps finden den Ort, an dem das Öl nicht mehr weitergekommen ist. Die Pipeline wird auseinandergeschraubt. Der Grund für den Störfall ist schnell gefunden: Sabotage. Mit meh-

Pipeline-Molche

Mit den »Go Devils« oder auch »pipeline pigs« (»Pipeline-Schweine«), wie die Säuberungsgeräte genannt wurden, je nachdem, ob der Zuhörer eher die Stimme des Teufels oder das Quieken eines Schweins in dem mörderischen Lärm erkannte, setzte eine technische Entwicklung ein, die zu hochtechnisierten und empfindlichsten Instrumenten führte. Heute werden diese Geräte »Molche« genannt.

Reinigungsmolche, die nach dem Prinzip ihrer Vorläufer aus dem 19. Jahrhundert funktionieren, werden noch ähnlich wie damals eingesetzt. Doch sie reinigen die Pipelines nur, damit der nachfolgende, sogenannte »intelligente Molch«, ein millionenteures technisches Wunderwerk, auf keinen Fall Schaden nimmt. Voll gestopft mit modernster Technik, vermisst und kontrolliert dieser dann die Pipeline von innen.

reren Metern Seil und dicken Steinen wurde ein Rohr verstopft. Benson kann nichts beweisen, aber für ihn steht der Urheber dieses heimtückischen Angriffes fest: Rockefeller.

Der Anschlag hat Benson eindrücklich vor Augen geführt, dass ein Wartungsinstrument für seine Pipeline unerlässlich ist. Sofort beauftragt er Ingenieure mit der Lösung dieser Aufgabe. Einige propagieren den Einsatz von Lösungsmitteln, die dem Öl beigemischt werden sollen. Aber nach ersten Versuchen wird diese Idee schnell verworfen. Wenige Wochen später präsentieren die Ingenieure schließlich eine so einfache wie geniale Erfindung: einen Eisenstab, an dem Eisenblätter und Metallbürsten angebracht sind, die genau dem Durchmesser der Pipeline entsprechen. Dieses Instrument wird in die Pipeline geschoben und durch den Ölstrom einfach vorwärtsgedrückt. Die Bürsten reinigen die Pipeline von innen, kratzen Dreck, Paraffine oder kleine Steine einfach heraus.

In der Praxis ist diese Reinigung aber mit einem Höllenlärm verbunden, sodass sich im Volksmund schnell der Spitzname »Go Devil«, »rasender Teufel«, für dieses Instrument einbürgert. Denn das metallische Kreischen und Kratzen wird von vielen Farmern mit der Stimme des Satans gleichgesetzt.

Da das Öl oder Gas aufgrund der Reibung an der Innenseite der Pipeline an Geschwindigkeit verliert, muss diese durch Pumpvorrichtungen und Verdichter wieder erhöht werden. Dies erfolgt an Stationen, die in regelmäßigen Abständen entlang einer Pipeline stehen. Dort befinden sich auch immer Schleusen, in die der Molch eingesetzt wird. Wenn die Schotten geschlossen sind, wird der Öl- oder Gasstrom durch die Schleuse geleitet und reißt den Molch einfach mit.

Im Inneren der Röhre kontrolliert der Molch den Durchmesser, lokalisiert mit Magnetfeldern kleinste Risse oder Korrosionsschäden im Nanometerbereich. Auf einer 100 Kilometer langen Reise registriert er an die 50 000 Fehlermeldungen. Nur selten ist ein ernsthafter Befund dabei. Falls doch, muss die schadhafte Stelle freigelegt und repariert werden.

Im Mai 1879 hat Benson aber keine Zeit, auf die praktische Erprobung des »Go Devil« zu warten. Nachdem die verstopfte Röhre gereinigt und erneut verschraubt ist, werden die Pumpen sofort wieder angestellt. Im Laufschritt folgen Arbeiter dem Geräusch, jederzeit bereit, im Falle eines Rohrbruchs einzugreifen. Diesmal fließt das Öl aber ungehindert in die Richtung seines Bestimmungsorts.

Am 4. Juni, sieben Tage nach Inbetriebnahme, erreicht das Öl den höchsten Punkt des Gebirges, fließt seinem Schwergewicht folgend den Hang abwärts und wird dort von der Reading Railroad in Empfang genommen. 250 Barrel Öl sprudeln stündlich aus der Pipeline und werden nach New York befördert.

Die Zeitungen jubeln über den Erfolg. Endlich sei Rockefellers Monopol durchbrochen. Benson wird von den Ölmännern als Held gefeiert. In der Ölregion herrscht ausgelassene Feststimmung. Feuerwerke werden gezündet, Tag und Nacht wird auf allen Straßen von Bensons Weltwunder gesprochen. Anzeigen mit dem Titel »Gamblers lost their shirts when ›Benson's folly‹ worked« (»Spieler verloren ihr Hab und Gut, als Bensons Verrückheit das Öl über das Gebirge trug«) machen sich über die scheinbar sicheren Wetten auf Bensons Fehlschlag zu Beginn des Unternehmens lustig. Nicht wenige hatten hohe Beträge auf das Scheitern der Tidewater-Pipeline gesetzt und nun verloren.

Nicht nur, dass Benson mit seiner Pipeline endlich die Ölregion aus Rockefellers Klammergriff befreit hat. Die Trans-

Pipelines ohne Ende

Bensons Pipelinekonstruktion öffnete das Tor zu einer neuen Ära des Rohstofftransports. Selbst 50 Jahre nach ihrer Einweihung funktionierte sie nach wie vor einwandfrei. Und auch heute noch wird seine Tidewater-Pipeline benutzt, wenn auch in anderer Weise. In ihrem Stahlkörper fließt kein Öl mehr, sondern Daten – durch Glasfaserkabel, die sicher im Inneren der historischen Ölpipeline verlegt sind. Ein Vorbild auch für die anderen Ölpipelines angesichts versiegender Ressourcen?
Es vergeht mittlerweile kein Tag, an dem nicht über das Aus dieses fossilen Brennstoffes diskutiert wird. Die Prognosen, wann die heutigen Ölreserven erschöpft sein werden, unterscheiden sich erheblich. Wann das tatsächliche Ende erreicht sein wird, erfährt man nicht mit

portkosten sind auch um ein Vielfaches niedriger als bisher. Mussten die Ölmänner vorher 85 Cent je Barrel zahlen, liegen die Kosten jetzt nur noch bei 17 Cent.

Rockefeller ist immer ein cleverer Geschäftsmann gewesen, der die Situation analytisch betrachtet und vorausschauend Entwicklungen meist richtig antizipiert hat. Sofort nach Inbetriebnahme der Tidewater-Pipeline erkennt Rockefeller die Vorteile von Bensons revolutionärer Technik, die eindrücklich zeigt, dass der Öltransport durch eine Pipeline nicht nur viel kostengünstiger, sondern auch bei jedem Landschaftstyp uneingeschränkt möglich ist. Er versucht, mit Benson zu kooperieren, aber der lehnt eine Zusammenarbeit entschieden ab.

Rockefeller lässt daraufhin innerhalb nur weniger Monate eine parallele Pipeline über die Berge bauen und setzt die mit Benson zusammenarbeitenden unabhängigen Raffinerien am Atlantik mit Dumpingpreisen unter Druck. Seine Strategie ist von Erfolg gekrönt. Heimlich bringt er nach und nach auch die letzten Raffinerien unter seine Kontrolle. Für Benson und seine Tidewater Pipe Company bedeutet dies einen herben Verlust. Sie können ihr Öl zum Atlantik bringen, sind aber dann gezwungen, an Rockefeller zu verkaufen.

Benson ist nicht bereit, das zu akzeptieren. Er baut 1880 eine eigene Raffinerie in New Jersey auf und führt die Pipeline, wie ursprünglich von seinem ersten Ingenieur Haupt beabsichtigt,

Gewissheit. Denn die Informationen über die wirkliche Größe der Öllagerstätten werden von den ölfördernden Ländern als »top secret« behandelt.
Aber selbst wenn die Ölquellen versiegen, werden Pipelines nicht weniger wichtig. Dem Bau von Wasserpipelines kommt in den letzten Jahren eine immer größere Bedeutung zu. In Saudi-Arabien werden zurzeit Pipelines mit einem Durchmesser von fast zwei Metern gebaut, nur für den Transport von Wasser.
Futuristisch prognostizieren einige Wissenschaftler den Warentransport in riesigen unterirdischen Pipelinesystemen. Wenngleich ein solches Szenario aufgrund der hohen Kosten Utopie bleiben dürfte, ist eines gewiss: Pipelines wird es auch nach dem Ende des Öls weiter geben.

Ölfeld im Süden des Oman

Im Kontrollraum einer Raffinerie

bis zum Atlantik weiter. In der Folge sieht sich Benson veranlasst, ein Multiunternehmen mit Produktion, Transport und Verarbeitung zu erschaffen, um autark arbeiten zu können. Am Ende kauft Rockefeller jedoch heimlich ein Drittel der Aktien der Tidewater Pipe Company auf und erhält so direkten Zugriff auf die Führungsstruktur. 1883 beenden Rockefeller und die Tidewater Pipe Company ihre Rivalität und agieren als Verbündete.

Benson ist 1878 mit seinem Pipelinebau angetreten, das Machtmonopol seines Kontrahenten zu brechen. Letztlich werden die Pipelines für Rockefeller aber ein weiteres, entscheidendes Instrument, um seine Macht noch mehr auszuweiten. In nur wenigen Jahren lässt er ganz Pennsylvania mit einem dichten Pipelinenetz überziehen. Die bisher mit ihm kooperierenden Eisenbahnlinien werden an die Wand gedrückt. Jetzt kontrolliert er den Transport in eigener Regie und verdient Millionen.

Nur mit dem Einzug der Glühbirne, für die ein Jahr nach Bensons glorreicher Einweihung der Tidewater-Pipeline Edison das Patent erhält, gerät der Siegeszug des Erdöls vorübergehend ins Stocken. Als Elektrizität sich anschickt, das Petroleum als Lichtquelle abzulösen, rettet die Erfindung des Verbrennungsmotors und des Automobils nicht nur die Existenz der Standard Oil Company, sondern eröffnet ihr einen völlig neuen Markt, der für Rockefellers Imperium um ein Vielfaches gewinnträchtiger wird.

Benson erlebt diese Zeitenwende nicht mehr. Er stirbt am 8. Februar 1888 in New York. Das Leben seines Rivalen Rockefeller endet ein halbes Jahrhundert später am 23. Mai 1937 in Florida. Er ist der reichste Mann seiner Zeit geworden.

Christian Heynen

KAMPF UM DEN HEISSEN DRAHT

Es ist der 10. März 1876. In einem kleinen Haus in Boston werden die letzten Vorbereitungen für ein Experiment getroffen, das in die Geschichtsbücher eingehen wird. Der schottische Taubstummenlehrer Alexander Graham Bell und sein Assistent, der Techniker Thomas Watson, kontrollieren noch einmal die Drahtverbindung, die sie zwischen zwei Räumen gespannt haben. Bell setzt sich an den Sender, Watson geht in den Nebenraum, schließt die Tür und nimmt vor dem Empfänger Platz. Bell nähert sich dem Schalltrichter, stockt einen Moment und ruft dann hinein: »Mr Watson – come here – I want to see you« (»Mr Watson – kommen Sie her – Ich möchte Sie sehen«).

Hat Watson ihn gehört? Erwartungsvoll blickt Bell zur Tür. Für ihn hängt aber nicht nur die Erfüllung seines Lebenstraums davon ab, ob sein Experiment gelingt. Er befindet sich inmitten eines erbittert geführten Wettstreits, den er unbedingt gewinnen will. Es geht um die Frage, wer dem Telefon zum Durchbruch verhilft und diese Industrie der Zukunft kontrollieren wird.

Seine Telefonexperimente bedrohen das Monopol des weltweit größten Telegrafiekonzerns, der Western Union. Eigentlich wollte Bell seine Arbeit in den Dienst der Western Union stellen, um für sie einen besseren Telegrafen zu erfinden. Aber jetzt versucht die Western Union in Eigenregie, einen »sprechenden Telegrafen« aufzubauen, sodass Bell seinen Weg alleine geht.

Er versteht viel weniger von Elektrizität als die namhaften Erfinder Elisha Gray oder Thomas Edison, die für die Western Union an Telefonapparaten forschen. Aber er hat einen entscheidenden Vorteil: Er kennt sich bestens mit Sprache und Kommunikation aus. Eine Leidenschaft, die auf seine früheste Kindheit zurückgeht.

Alexander Graham Bell (1847–1922)

Thomas Watson (1854–1934)

Telegraph Building, New York

Alexander Bell wird am 3. März 1847 im schottischen Edinburgh geboren. Den zweiten Vornamen »Graham« legt er sich im Alter von elf Jahren zu, nachdem er einen Kanadier namens Alexander Graham kennengelernt hat und findet, dass der Name gut klingt. Seine Eltern und Freunde nennen Alexander nur »Aleck« und erwarten, dass der Junge in die Fußstapfen der Familie tritt. Schon sein Vater, sein Onkel und sein Großvater hatten sich jeder landesweit einen hervorragenden Ruf als Sprachlehrer und -dozent erworben.

Bells autoritärer Vater Alexander Melville Bell therapiert Menschen mit Sprachfehlern und unterrichtet Gehörlose. 1860 hat sein Bruder David Charles zusammen mit ihm ein Standardwerk für Spracherzieher (»Bell's Standard Elocutionist«) veröffentlicht, einen Aussprecheduden und Vortragsratgeber, der über einhundert Jahre später weiterhin in Gebrauch sein wird. Als sein größtes Vermächtnis veröffentlicht Alexander Melville 1864 nach 15 Jahren harter Arbeit ein universales phonetisches Alphabet, wofür er den Begriff »Visible Speech« prägt was die Art umschreibt, gesprochene Sprache sichtbar darzustellen, ohne sie zu hören. Jeder Buchstabe dieser Lautschrift entspricht einer bestimmten Zungen- und Lippenbewegung, sodass anhand dieses Zeichensystems jede Sprache wiedergegeben werden kann. Es ist ein Vorläufer des noch heute gebräuchlichen Internationalen Phonetischen Alphabets.

Mit Sohn Alexander und dessen Brüdern Melville und Edward führt der Vater seine bahnbrechende Methode in spektakulären öffentlichen Vorstellungen vor. Von den drei Brüdern ist Alexander die begabteste Testperson. Er wird in einen separaten Raum geführt, während sein Vater von Professoren zugerufene Wörter in der von ihm entwickelten Lautschrift niederschreibt, darunter Wörter in den exotischsten Sprachen wie in Hindi oder afrikanischen Dialekten. Danach wird Alexander hereingeholt. Sein Vater gibt ihm den Zettel, und der Sohn kann die Worte fehlerfrei aussprechen, einzig anhand der Lautschrift seines Vaters und ohne Hindi jemals in seinem Leben gehört zu haben. Einmal versucht das Publikum, den Jungen zu überlisten. Ein Mann hustet und fordert Melville auf, dies in sein phonetisches Schriftsystem zu übertragen. Als Alexander in den Raum geholt wird und den Zettel liest, stutzt er. Sein Vater ermuntert ihn fortzufahren. Sein Sohn beginnt zu husten. Tosender Applaus brandet auf.

Auch Alexander Bells Artikulation, Betonung und die Kraft seiner Stimme sind aufgrund der Erziehung durch seinen Vater herausragend. Selbst in der Rhetorik geschulte Anwälte und Professoren zollen der Reinheit, Modulation und Präzision seiner Sprache ihre Achtung.

Während Alexander Melville sein universales phonetisches Schriftsystem hauptsächlich zur Spracherziehung erfunden hat, hofft sein Sohn später, es auch zum Unterrichten Gehörloser oder Schwerhöriger einsetzen zu können. Denn er hat seit frühster Kindheit schmerzlich miterlebt, was es bedeutet, taub zu sein.

Alexander Bells Mutter, die sich vor ihrer Erkrankung als talentierte Malerin und Pianistin einen Namen erworben hatte, leidet unter einem progressiven Gehörverlust. Wenn ihr kleiner Sohn, an den sie ihr musikalisches Talent weitergegeben hat, für sie Klavier spielt, sitzt sie mit einem Hörrohr ganz nah neben ihm. Doch je mehr ihre Hörkraft nachlässt, desto hilfloser fühlt sich Alexander seiner Mutter gegenüber. Er will ihr unbedingt helfen. Aus diesem Kindheitserlebnis erwächst eine Motivation, die ihn sein gesamtes weiteres Leben antreiben sollte.

Seine Spielkameraden beschreiben Bell als gedankenversunken, zurückhaltend, ja fast schüchtern. Seine schulischen Leistungen sind eher mittelmäßig, obwohl er durchaus intelligent ist. Ihn interessiert bei einer Aufgabenstellung die Umsetzung nicht mehr, wenn er einmal den Lösungsweg kennt. Stattdessen ist er immer auf der Suche nach neuem Wissen. Ein begeisterungsfähiger Junge, der die Eindrücke der Umwelt gierig in sich aufsaugt.

Zu dieser Zeit kommen Nachrichten aus Europa, dass dort sprechende Automaten für Furore sorgen, die dem Menschen nachgebildet sind. Durch ein an der Rückseite angebrachtes

Rohr wird Luft in diese Maschinen hineingeblasen. Durch Öffnen und Schließen des »Mundes« entstehen mehr oder weniger klar erkennbare Wörter, zumeist aber nur Töne.

Als Alexander und sein Bruder vom Vater die Aufgabe bekommen, einen dieser sprechenden Automaten nachzukonstruieren, sind die beiden sofort Feuer und Flamme. Sie bauen in wenigen Tagen eine Maschine, die wie ein Baby »mamma, mamma, mamma« schreit. Die Stimme muss sehr lebensecht geklungen haben. Denn oben im Haus trat jemand ins Treppenhaus und fragte besorgt, was wohl mit dem Baby los sei. Der Erfolg festigt Alexanders zweite Leidenschaft, die ihn zeit seines Lebens ebenfalls nicht mehr loslassen wird: Er will Erfinder werden.

Die berufliche Zukunft des Jungen ist aufgrund seiner mittelmäßigen schulischen Leistungen jedoch mehr als ungewiss. Mit 15 Jahren wird Alexander nach London geschickt. Er soll für ein Jahr bei seinem Großvater wohnen. Man hofft, dort Alexanders Schuleinstellung in die richtige Bahn lenken zu können. Später wird Alexander Bell einmal rückblickend dazu sagen, dies sei der Wendepunkt in seinem Leben für die spätere Karriere gewesen. Der Großvater gewährt ihm umfangreiche Freiheiten, die ihm sein autoritärer Vater nicht gelassen hat, fordert aber auch Verantwortung.

Innerhalb dieses Jahres verwandelt sich Alexander vom lernfaulen Jungen zu einem distinguierten und aufgeweckten jungen Mann, der »Hamlet«, »Macbeth« oder »Julius Caesar« mit Kraft und Ausdruck rezitieren kann. »Von dieser Zeit an waren meine Freunde eher Männer als Jungen, und ich wurde als älter angesehen, als ich wirklich war«, schreibt Bell in seinen Erinnerungen. Nach seiner Rückkehr aus London steht für Alexander Bell fest: Er will unbedingt etwas Bedeutendes tun. Es sollten jedoch noch Jahre vergehen, bis für ihn dieser Wunsch in Erfüllung geht.

Ausgerechnet eine Familientragödie ist es, die ihn seinem Ziel einen Schritt näher bringt. Innerhalb von nur drei Jahren sterben seine geliebten Brüder an Tuberkulose, zuerst Edward, dann Melville. Auch Alexanders Gesundheit ist angegriffen, sodass der Vater kurzerhand entscheidet, die Familie werde nach Kanada auswandern. Er selbst war als junger Mann nach Kanada geschickt worden, um eine Krankheit auszukurieren. Was ihm geholfen habe, werde auch Alexander helfen. Ein ebenso überzeugender Grund, England zu verlassen, ist wohl auch der schleppende Erfolg seines phonetischen Schriftsystems, der »Visible Speech«, wohingegen er bei Vortragsreisen in den USA und Kanada eine weit positivere Resonanz erfahren hat.

Alexander widerstrebt aber der Auswanderungswunsch des Vaters. Er hat sich mittlerweile ein eigenes Leben aufgebaut, eine Stelle als Lehrer an einer Taubstummenschule in London angenommen, sich an der Londoner Universität eingeschrieben und unsterblich in ein junges Mädchen verliebt. Sein Vater duldet jedoch keine Widerrede. Alexander fügt sich pflichtbewusst in sein Schicksal. Die Familie Bell verlässt am 21. Juli 1870 England mit dem Ziel Quebec, von wo die Reise weiter nach Brantford, Ontario, etwa 60 Kilometer westlich der Niagarafälle führt.

In ihrem neuen Zuhause verbessert sich Alexanders Gesundheitszustand rasant, während er nebenbei Mohawk, die Sprache der einheimischen Indianer, in die vom Vater entwickelte Lautschrift überträgt. In dieser Zeit lernt er auch von den Indianern ihren Kriegstanz. Er soll ihn bis zu seinem Tod immer getanzt haben, wenn er aufgebracht war.

Nach einigen Monaten in Kanada wächst in Alexander Bell immer stärker der Wille heran, endlich die lang ersehnte Unabhängigkeit und Selbstständigkeit zu erringen, die ihm in England versagt waren. Er zögert nicht, als ihm 1871 eine Stelle an einer Schule für Taubstumme in Boston angeboten wird. Er verlässt das Elternhaus und folgt dem Ruf in das wirtschaftliche und vor allem kulturell-wissenschaftliche Zentrum der USA.

1866 ist dort das weltberühmte Massachusetts Institute of Technology gegründet worden. Die öffentliche Bibliothek an der Boylston Street ist die größte der ganzen USA und für jedermann zugänglich. Gilt Washington als der politische Mittelpunkt der jungen Republik, so ist Boston fraglos der intellektuelle Konterpart. Es ist für Alexander Bell und seinen weiteren Lebensweg der ideale Ort.

Als Lehrer macht er sich mit neuen Unterrichtsmethoden schnell einen Namen. Er benutzt das universale phonetische Schriftsystem seines Vaters, um gehörlosen Kindern Sprache nahezubringen. Für die Gesellschaft scheinen diese Kinder hoffnungslos stumm. Aber doch nur, meint Bell, weil die Welt stumm zu ihnen ist. Er will nicht mehr akzeptieren, dass viele von ihnen als dumm abgestempelt und oftmals in Sanatorien gesteckt werden.

Bell lässt die Kinder Luftballons in den Händen halten, sodass

Alexander Melville Bell (1819–1905)

Ein Büro der Western Union

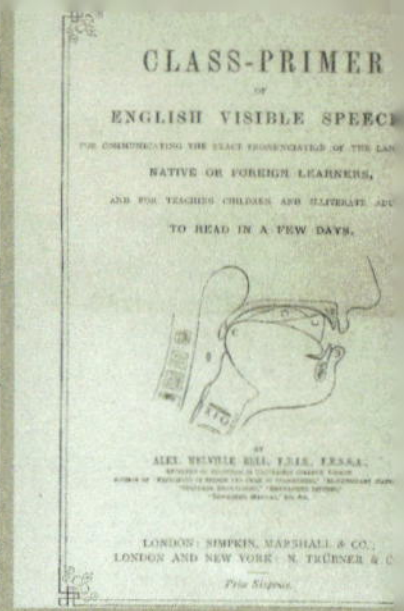

Titelblatt »Visible speech«

sie die Vibrationen seiner Stimme spüren können, wenn er gegen die Luftballonhülle spricht. Innerhalb weniger Wochen können die meisten Kinder, die nie gesprochen haben, erste artikulierte Laute von sich geben. Sein Ruf als herausragender Taubstummenlehrer macht schnell die Runde. Bell führt vor ausländischen Gästen und Politikern seine Unterrichtsmethoden vor, nimmt Privatpatienten an und gründet eine eigene Schule, um Sprachlehrer auszubilden.

Durch seine Erfolge kommt er in enge Bekanntschaft mit führenden Wissenschaftlern in Boston und mit wohlhabenden Geschäftsleuten, die ihre Kinder bei Bell unterrichten lassen. Es ist der Zugang zu Kreisen, die ihm vorher verschlossen waren. Bell ahnt, dass diese sich für seine weitere Entwicklung als äußerst wichtig erweisen werden.

Geschichte der Nachrichtenübermittlung

Bis in die Mitte des 19. Jahrhunderts hinein hatte sich Kommunikation über die Jahrtausende kaum wesentlich verändert. Berichtete 479 v. Chr. ein griechischer Läufer nach einem im wahrsten Sinne des Wortes mörderischen 42-Kilometer-Lauf von dem Sieg der Griechen gegen die persische Übermacht bei Marathon, waren es Anfang des 19. Jahrhunderts Postkutschen und berittene Kuriere, die Nachrichten übermittelten. Bis zur industriellen Revolution wurden Nachrichten fast ausschließlich durch Boten weitergegeben.

Es gab vereinzelte Versuche, das System zu verbessern, indem Nachrichten durch Zeichencodes über größere Strecken weitergegeben wurden. Die Ureinwohner Nordamerikas benutzten ihre berühmten Rauchzeichen. Und in Europa wurden Flaggen eingesetzt. Jede Flaggenstellung entsprach einem bestimmten Buchstaben.

Hier in Boston erfährt Bell auch von einem der dringendsten technischen Probleme der Zeit. Seine Erfinderleidenschaft fühlt sich sofort angesprochen, vor allem weil es um Kommunikation geht. Es gilt, die Telegrafie zu verbessern. Die Aussicht auf Ruhm und eine hohe Belohnung lässt Heerscharen von Wissenschaftlern an der Lösung tüfteln. Auch Bell entscheidet: Er will an diesem Wettlauf teilnehmen, will die Telegrafie verbessern, die noch keine 30 Jahre alt ist und die bei ihrer Entstehung eine Revolution des Nachrichtenwesens ausgelöst hat.

So revolutionär der Durchbruch des Telegrafen ist, das System hat doch empfindliche Schwächen, die Bell nur zu gut kennt. Nachrichten müssen immer in einem Telegrafenbüro aufgegeben werden. Die Botschaft wird dem Telegrafisten ausgehändigt, der jeden Buchstaben in ein System aus Punkten und Strichen überträgt und auf seine Reise durch den Draht schickt. In der Telegrafenleitung wird durch Batterien Strom von einem Ende zum anderen geleitet, der durch die Morsetaste unterbrochen wird. Je nach Länge der Unterbrechungen wird am Empfänger ein Stift kurz oder lang auf einen fortlaufenden Papierstreifen gepresst. So entsteht dort wieder eine Abfolge aus Punkten und Strichen, aus der die Nachricht herausgelesen werden kann.

Die abgeschickten Nachrichten kommen so zwar schnell an der gewünschten Empfangsstation an, müssen aber von dort

Dies war bereits ein enormer Fortschritt. Die Systeme waren jedoch nur lokal einsetzbar und immer an Sichtkontakt gebunden, daher auf gute Wetterverhältnisse angewiesen.
Erst die Einführung des Telegrafen brachte den lang ersehnten Durchbruch. Mit dem nach seinem Erfinder Samuel Morse benannten Morsecode war es erstmals möglich, Nachrichten über weite Entfernungen elektrisch durch einen Draht zu übermitteln. 1844 wurde die erste Strecke zwischen Baltimore und dem 37 Meilen entfernten New York eingeweiht. 30 Jahre später waren bereits Hunderttausende Kilometer Telegrafenkabel verlegt, überzogen spinnennetzartig die Kontinente und lagen sogar auf den Meeresböden, um die Erdteile zu verbinden.

entweder durch Boten traditionell ausgeliefert oder im Telegrafenbüro abgeholt werden. Der Aufwand, landesweit ein lückenloses Telegrafienetz zu unterhalten, ist enorm. In jeder Stadt müssen die Telegrafenbüros rund um die Uhr besetzt sein.

Der größte Nachteil dieses Übermittlungssystems liegt jedoch in seiner limitierten Kapazität. Nur ein einziges Telegramm kann jeweils durch einen Draht weitergegeben werden. Oft bilden sich Warteschlangen vor den Telegrafenhäuschen, besonders dann, wenn z. B. ein Reporter einen langen, brandaktuellen Bericht an seine Redaktion durchgeben will.

Die Gesellschaften versuchen, diesen Engpass zu beheben, indem sie immer mehr Drähte spannen. Lange Reihen von Masten, mit Dutzenden Drähten behangen, durchziehen die Straßenschluchten.

Für das Gros der Bevölkerung ist diese Technik aber letztlich ein Luxus, den sie sich kaum leisten kann. Private Nachrichten beschränken sich auf nur äußerst dringende Meldungen, sodass für die meisten Leute Telegramme immer mit schlechten Nachrichten verbunden sind.

So kostspielig die Nutzung des Telegrafen für den Normalkunden ist, so profitabel ist sie für die Netzbetreiber. In den USA gibt es nur zwei große Firmen. Die »Atlantic and Pacific Telegraph Company« und vor allem die »Western Union Telegraph Company« mit einem Marktanteil von 90 Prozent.

Die Western Union hat Unsummen in den Aufbau eines flächendeckenden Telegrafennetzes über die gesamte USA investiert und ist durch die Einnahmen zu einem der größten Konzerne der noch jungen USA aufgestiegen, der maßgeblich die Politik des Landes beeinflussen kann. Immer wieder hat es Gesetzesvorlagen in Washington gegeben, die den Aufbau weiterer Telegrafiegesellschaften einfordern, aber immer wieder sind die Vorlagen durch die Lobbyarbeit der Western Union im Sande verlaufen.

Vor allem dieser Riesenkonzern ist daran interessiert, Verbesserungen der Telegraphie unter seiner Führung durchzusetzen. Die Chefs der Western Union sind besessen von dem Gedanken, welche Profite sie machen würden, könnten sie mehrere Nachrichten gleichzeitig durch einen Draht schicken. Eine exorbitante Belohnung wird für den ausgesetzt, der es schaffen sollte, dieses Problem zu lösen.

Bereits 1872 erfindet Joseph Stearns ein Telegrafiegerät, mit dem zwei Nachrichten gleichzeitig verschickt werden können, jeweils ein Telegramm in jede Richtung. Die Western Union zahlt einen hohen fünfstelligen Dollarbetrag an Stearns und stellt ihr System auf seinen »Duplex Telegraph« um. Aber die Western Union will eine noch viel höhere Übertragungsrate.

Alexander Graham Bell ist der festen Überzeugung, dass er eine Lösung finden wird, obwohl er kaum etwas von Elektrizität versteht. Dafür ist er ein enthusiastischer, ambitionierter, intelligenter und fantasievoller Mann, der ein außerordentliches Gespür für Tonhöhen und Sprache besitzt. Ein passionierter Pianist, der sich mit der Funktionsweise des Hörens bestens auskennt. Jemand, der Zugang zu Technikern und Wissenschaftlern hat und mit finanzstarken Geldgebern freundschaftliche Kontakte pflegt.

Nachts und an den Wochenenden arbeitet Bell für seine Vision, während er tagsüber seinem Unterricht als Lehrer und Privatdozent nachkommt. Seine Experimente sind nicht nur sehr zeitintensiv. Bell muss auch alle Kosten alleine bestreiten. Bei seinen geringen Einkünften eine nicht unbeträchtliche Belastung. Trotz seiner Erfolge als Privatlehrer lebt er immer am Existenzminimum. Jeden verfügbaren Dollar steckt er in seine Forschung, die er streng geheim hält.

Bell traut sich nicht, sein Vorhaben einem anderen anzuvertrauen, hat tief sitzende Ängste, seine Erfindung könnte gestohlen werden. Unter der Doppelbelastung leidet auch seine Gesundheit. Kopfschmerzen und Übermüdung sind die ersten Symptome seines Raubbaus an Körper und Geist. Trotz dieser Warnzeichen macht Bell weiter. Denn er hat einen vielversprechenden Ansatz gefunden, der auf Sprache fußt. So wie seine gehörlosen Schulkinder verschiedene Tonhöhen mit einem Luftballon durch die unterschiedlichen Vibrationen spüren, will Bell solche verschiedenen Frequenzen durch einen Draht schicken. Diese Frequenzen würden dann am Kabelausgang durch eine Phalanx mehrerer Empfänger, von denen jeder auf nur eine der unterschiedlichen Frequenzen geeicht wäre, wieder separiert. Auf diese Weise könnte es möglich werden, eine Unzahl an Signalen gleichzeitig zu verschicken. Seine Vision nennt Bell »harmonic telegraph«.

Für ihn ist es eine mühselige Arbeit. Nach der Methode von Versuch und Irrtum kommt er immer wieder ein kleines Stück

Elisha Gray

Mabel Gardiner Hubbard

Zwei Stunden nach Bell erreicht Gray das Patentamt

weiter, obgleich er oft kurz vor dem Aufgeben steht und sich zweifelnd fragt, ob er nicht viel nützlicher als Taubstummenlehrer sei denn als Elektriker. In dieser von Selbstunsicherheit geprägten Zeit bekommt Bell, ohne es zu wissen, einen Konkurrenten, der genau die gleiche Idee hat. Es ist der Erfinder Elisha Gray.

Obwohl heute fast vergessen, war zu Bells Zeiten der Name Gray im ganzen Land bekannt, galt er doch als einer der bedeutendsten Erfinder auf dem Gebiet der Telegrafie. Elisha Gray kommt 1835 in Ohio als Sohn eines Farmers zur Welt. Nach dem frühen Tod seines Vaters muss Gray schon als kleiner Junge die Schule verlassen, um seinen Lebensunterhalt zu verdienen. Während seiner Arbeit als Schreiner und Bootsbauer verschlingt er jegliche Literatur, die sich mit Wissenschaft im Allgemeinen und vor allem mit Elektrizität beschäftigt.

Autodidaktisch experimentiert er, besucht für drei Jahre die Vorbereitungsklasse am Oberlin College in Ohio, um dann zwei weitere Jahre am College zu studieren. Mit 30 Jahren entschließt er sich, endlich seinem Traum nachzugehen: Erfinder zu sein. Gray hat schnell Erfolg. Er lässt sich verschiedene Geräte für den Telegrafengebrauch patentieren. 1874 beschäftigt seine inzwischen gegründete »Western Electric Company« mit Sitz in Chicago bereits einhundert Angestellte.

Auch Gray will das Telegrafieproblem der zu geringen Nachrichtenübertragung lösen. Er experimentiert mit einem Gerät, das verschiedene Töne über einen Telegrafendraht weitergibt. Er hat erkannt, was zur Musikübertragung eingesetzt werden kann, könnte auch verschiedene Nachrichten auf unterschiedlichen Frequenzen verschicken. Es ist der Beginn eines Wettlaufs, wer zuerst ein Gerät zur Vielfachtelegrafie präsentieren kann. Bell oder Gray? Ein Wettlauf, bei dem Gray klar im Vorteil ist. Denn er ist von Beruf Erfinder, kann den ganzen Tag für seine Forschungen aufwenden und auf ein Heer von Angestellten zurückgreifen, während sich Bell nur in den Nächten und Wochenenden der Arbeit an seiner Apparatur widmen kann.

In dieser Lage kommt Bell der Zufall zu Hilfe. Eines Tages steht der reiche Patentanwalt, Landessenator und erfolgreiche Geschäftsmann Gardiner Hubbard in Bells Klassenzimmer. Dass Hubbard einer der größten Gegner der Western Union ist und mit allen Mitteln deren Monopol zu brechen versucht, weiß Bell zwar, aber es hat für ihn noch keine Bedeutung.

Hubbard ist zu ihm gekommen, weil er von Bells beeindruckenden Erfolgen als Taubstummenlehrer gehört hat. Seine 16-jährige Tochter Mabel hat im Alter von fünf Jahren nach einer Scharlachinfektion ihr Gehör verloren. Hubbard hat sich nie damit abgefunden, dass seine Tochter ein Leben in Isolation und in der zweiten Reihe der Gesellschaft führen soll. Er hat sie zu den besten Ärzten nach Europa geschickt, aber die Erfolge waren eher bescheiden. Jetzt soll sich der erst 26-jährige Bell ihrer annehmen. Dem ist dieses Angebot mehr als recht, bedeutet es doch weitere Einnahmen, die er in seine nächtliche Forschung investieren kann.

Was als Unterricht beginnt, wird für Bell bald sehr viel mehr. Er verliebt sich in den nächsten Wochen in seine Schülerin. Mabel hat jedoch nicht unbedingt dieselben Gefühle für ihren Lehrer, wie sie ihrem Tagbuch nach dem ersten Zusammentreffen anvertraut. »Ich könnte nie solch einen Mann heiraten«, vermerkt sie nur.

Bell vergräbt seine Gefühle tief in sich. Immerhin ist Mabel seine Schülerin und zehn Jahre jünger. Und darüber hinaus stammt sie aus einem reichen Elternhaus, während er nicht einen Dollar besitzt. Sollte aber sein »harmonic telegraph« den Durchbruch feiern, wäre er mit einem Schlag sowohl berühmt als auch reich. Bell verdoppelt seine Anstrengungen. Obwohl seine Maschine noch nicht funktioniert, erwägt er, in den USA einen Patentvorantrag, eine sogenannte »caveat«, für sich zu beantragen. Bei einer »caveat« reicht der Erfinder eine Idee und ein Konzept ein, ohne eine funktionierende Maschine zu besitzen. Der Vorteil besteht darin, dass die »caveat« vom Patentamt vertraulich behandelt wird und jede ähnliche Patenteinreichung eines anderen blockiert. Eine »caveat« muss jedes Jahr verlängert werden, gibt dem Erfinder aber die Zeit, eine Maschine zu entwickeln und dann ein ordentliches Patent zu beantragen.

Doch dieser Weg ist Bell versperrt. Nur amerikanische Staatsbürger können eine »caveat« beantragen. Und das ist der Schotte Bell noch nicht. Ihm bleibt nichts anderes übrig: Er muss so schnell wie möglich einen funktionstüchtigen Vielfachtelegrafen konstruieren und diesen dann sofort patentieren lassen.

Im Sommer 1874 ist er mit seinen Kräften jedoch am Ende. Die Doppelbelastung und die unerwiderte Liebe fordern ihren Tribut. Bell muss alle Arbeit ruhen lassen und reist zu seinen Eltern in den Norden nach Brantford, um dort neue Kräfte zu sammeln.

In der Abgeschiedenheit Kanadas schläft Bell viel, unternimmt ausgedehnte Spaziergänge, und mit jedem Tag kehrt mehr Lebensmut und Tatendrang in den jungen Erfinder zurück.

Nachrichten aus Licht

Was Gray und Bell im 19. Jahrhundert erforschten, ist bis heute das Rückgrat unseres Nachrichtenzeitalters. Nur mit einem kleinen Unterschied: Anstatt der Kupferkabel werden Glasfasern eingesetzt. Nicht Elektrizität, sondern Licht transportiert fortan die Datenvielfalt. »Mulitplexing« ist aber nach wie vor das Zauberwort, die verzahnte Verarbeitung anfallender Signale zur Mehrfachausnutzung eines Übertragungsweges.

Licht besteht aus einem breiten Spektrum und ist daher heutzutage das ideale Medium, um unendlich viele unterschiedliche Nachrichtenkanäle zu generieren. Und jede Nachricht wird, wenn man es überspitzt betrachtet, immer noch gemorst. »Licht an – Licht aus« steht für die binären Codes »1« und »0«. Die gegenwärtige Geschwindigkeit würde einen Telegrafisten aus dem 19. Jahrhundert jedoch zur Verzweifelung bringen. 80 Milliarden Mal in der Sekunde wird das Licht ein- und ausgeschaltet, mehr Tippbewegungen, als ein einzelner Angestellter der Western Union in seinem ganzen Leben hätte zustande bringen können.

Das in der Stirnseite der Glasfaser einfallende Licht wird im Inneren an den Wänden reflektiert und zu einer Photozelle weitergeleitet. Eine einzige Glasfaser von der Stärke eines Menschenhaares kann theoretisch Zehntausende von Telefongesprächen gleichzeitig transportieren.

Während dieser unbeschwerten Zeit, in der Bell seinen Geist schweifen lässt, philosophiert er das erste Mal über das Telefon. Es ist der 10. August 1874. Bell sitzt auf einer Blumenwiese am Grand River, die er seinen »dreaming place«, seinen »Platz zum Träumen«, nennt, und fragt sich, ob die Vibrationen der Stimme, so wie sie aus Schallwellen bestehen, nicht auch elektrische Wellen erzeugen und dann wieder zu einem hörbaren Resultat am anderen Ende umgeformt werden könnten.

Diese Eingebung formuliert das bis heute gültige Grundprinzip des Telefons und zieht Bell in ihren Bann. Sofort macht er sich daran, seine Vision in die Tat umzusetzen.

Da auf dem Hof der Eltern kein Strom vorhanden ist, versucht er, das menschliche Wort mechanisch sichtbar zu machen. Der befreundete Arzt Clarence Blake schickt Bell das Ohr eines Toten. Am Trommelfell befestigt Bell einen Stift, dessen Spitze auf

Ein Problem unserer Zeit ist jedoch, dass die meisten Endverbraucher nicht über Glasfaserkabel ans weltweite Kommunikationsnetz angeschlossen sind, sondern über traditionelle Kupferkabel. Das heißt, jedes elektrische Signal muss ins Optische und jedes ankommende Signal vom optischen Lichtimpuls ins elektrische Signal übersetzt werden. An diesen Schnittstellen fungieren Hochleistungschips als Übersetzer.

Auch das stetig steigende Datenaufkommen setzt die Entwickler und Telekommunikationsunternehmen vor immer größere Schwierigkeiten. Schon lange werden nicht mehr nur Sprachmitteilungen durch die Welt geschickt. Mittlerweile sind es Fotos, Filme, Musik, Daten, und alles oftmals in Realzeit.

Das weltweite Datenvolumen verdoppelt sich regelmäßig alle paar Jahre. Für den Mobilfunk bedeutet dies, dass die Funkzellen kleiner und leistungsfähiger werden müssen, um dieses Datenansturms Herr zu werden. Für die Glasfasersysteme, dass sie immer mehr Frequenzen bearbeiten müssen.

Die letzten 130 Jahre haben aber gezeigt: Wissenschaftler finden immer wieder Wege, neue Technologien zu entwickeln, so wie Bell und Gray vor 130 Jahren das Zeitalter der Vielfachübertragung begründeten.

Der »harmonic telegraph«

Edison mit seiner Erfindung

eine geschwärzte Glasplatte trifft. Das Trommelfell hält Bell mit Wasser und Glyzerin geschmeidig. Seine Versuchsapparatur, die er in der Scheune seiner Eltern aufgebaut hat, nennt er »Phonautograph«. Er setzt sich vor die Ohrmuschel und spricht in sie hinein, während er langsam die Glasplatte unter dem Stift entlangzieht. In mehreren Versuchen erhält Bell jedes Mal ein Wellenmuster, das je nach gesprochenem Text variiert. Es ist der erste Schritt auf seinem Weg zum Telefon: Sprache kann in ein anderes Medium übertragen werden.

Doch als Bell wieder nach Boston reist, legt er das Wellenmuster erst einmal zur Seite. Er kann dem noch keinen Nutzen abgewinnen. Ruhm und Erfolg verspricht er sich von seiner Forschung an der Vielfachtelegrafie, die er mit neuen Kräften vorantreiben will.

Die Situation ist Mitte 1874 für Bell ein Kampf an vielen Fronten. Er will seinen »harmonic telegraph« erfinden, hat aber kaum Zeit und Geld für seine Forschungen, während Gray mit seinem Personal sowie Unsummen an Geld seine Forschung forciert, was Bell zu der Zeit noch nicht weiß. Auch ist Bells sprunghafter Geist schnell für neue Ideen zu begeistern, wie der »Phonautograph« beweist. Hinzu kommen seine zehrende Liebe zu Mabel Hubbard und das zeitaufwendige alltägliche Arbeitsleben als Professor, Dozent und Lehrer.

Im Oktober 1874 besucht Bell die Hubbards in Cambridge, die den Lehrer herzlich willkommen heißen. Immerhin macht ihre Tochter unter seiner Anleitung erhebliche Fortschritte. Wenn dies so anhält, wird Mabel einmal jeder Unterhaltung folgen können, solange sie direkt angesprochen wird und die Lippen ihres Gegenübers lesen kann. Und sie wird ohne gravierende Sprachfehler antworten können.

Dann zieht Bell Hubbard ins Vertrauen und erklärt ihm, nach welchem Prinzip sein Telegrafiesystem funktioniert. Bell nutzt den gleichen Effekt, der ähnlich auftritt, wenn man durch einen gesungenen Ton eine Klaviersaite zum Klingen bringt. Wie eine Frequenz nur eine Saite zum Klingen bringt, so wird eine auf einer bestimmten Frequenz gesendete Nachricht auch immer nur von dem auf diese Frequenz geeichten Empfänger entschlüsselt. Andere Frequenzen sprechen den Empfänger nicht an. Prinzipiell können auf diese Art und Weise unendlich viele unterschiedliche Frequenzen durch ein und denselben Draht geschickt werden, die dann von den jeweiligen geeichten Empfängern individuell entschlüsselt werden.

Hubbards Interesse ist sofort geweckt. Das Monopol der Western Union ist ihm seit Jahren ein Dorn im Auge. Nicht nur, dass er die Western Union beschuldigt, die Fortentwicklung des Telegrafen bewusst zurückzuhalten, um weiterhin die hohen Übermittlungspreise verlangen zu können. Die Monopolstellung der Western Union widerspricht Hubbards Wirtschaftsauffassung grundlegend. Mehrmals hat er in Washington versucht, ein Gesetz durchzubringen, das der Übermacht der Western Union ein Ende setzen soll. Ergebnislos. Die finanzielle und politische Kraft der Western Union um ihren Präsidenten William Orton ist einfach zu gewaltig.

Als Bell im Oktober 1874 Hubbard über seine Forschung an dem »harmonic telegraph« ins Bild setzt, ist der sich sicher: Diese Erfindung ist der Schlüssel zum Aufbau einer konkurrierenden Telegrafiefirma, die das Monopol der Western Union brechen könnte. Er ermuntert den jungen Mann, mit seinen Forschungen fortzufahren. Als Bell von seiner aussichtlosen finanziellen Lage berichtet, greift Hubbard ihm unter die Arme. Er finanziert Bells Arbeit, erhält dafür einen Anteil der zu erwartenden Profite zugesprochen. Auch der Vater eines weiteren Schülers von Bell, Thomas Sanders, beteiligt sich an dem Unternehmen. Die drei vereinbaren, jeder solle ein Drittel der späteren Gewinne erhalten.

Diese geschäftliche Vereinbarung gibt Bell neuen Mut. Mut, den er auch dringend braucht. Einen Monat zuvor hat kein Geringerer als der berühmte Erfinder Thomas Alva Edison sein Quadruplex Telegrafiesystem präsentiert, das jeweils zwei Nachrichten in die eine und zwei in die entgegengesetzte Richtung durch einen Draht verschicken kann. 100 000 Dollar hat Edison dafür von der Atlantic and Pacific Telegraph Company bekommen. Was würde Bell und seinen Geschäftspartnern dann erst seine eigene Erfindung einbringen?

Aber sein Konkurrent Gray scheint ihm zuvorzukommen. Er steht kurz vor dem Durchbruch.

Bell, der erst kurz zuvor etwas von Elisha Gray und dessen Aktivitäten erfahren hat, liest zum ersten Mal in einem Artikel des ›Commonwealth‹ vom 12. November 1874 Genaueres über dessen Erfindung. Bell ist sich nicht sicher, gegen die Konkurrenz bestehen zu können. Wie soll er in diesem Zweikampf gewinnen gegen einen Mann, der mehr Zeit, mehr Wissen über Elektrizität und vor allem viel größere finanzielle Mittel besitzt als er.

Die finanzielle Unterstützung seiner Mäzene ermöglicht es Bell erstmals, seine Defizite auf dem Gebiet der Elektrizität durch professionelle Hilfe von außen zu kompensieren. Er hat viele Ideen, wie seine Maschine arbeiten und aussehen soll, aber für die Umsetzung braucht er fachlichen Beistand. Daher sucht Bell das Ingenieurbüro von Charles Williams in Boston auf. In dieser renommierten Werkstatt werden elektrische Geräte sowie Maschinen entwickelt und von jungen Erfindern in Auftragsarbeit zusammengebaut. Sogar Edison war in frühen Jahren dort tätig, bevor er ein eigenes Labor gründete. Hier hofft Bell, einen Mitarbeiter für seine Versuche zu finden. Er trifft auf den sieben Jahre jüngeren Elektriker Thomas A. Watson – eine Bekanntschaft, die sich als schicksalhaft erweisen sollte.

Watson ist nicht nur fachlich die ideale Ergänzung. Er ist auch genauso enthusiastisch wie Bell und fasziniert von der Aufgabe, die dieser umreißt. Aus seinen schnell dahingezeichneten Skizzen baut Watson oft innerhalb weniger Stunden ein funktionstüchtiges Gerät. Die Fortschritte, die Bell in den Wochen seit Watsons Mitarbeit macht, sind gewaltig. Doch Bell ist sich trotzdem nicht sicher, ob er es rechtzeitig schaffen wird. Im November 1874 schreibt er in einem Brief an seine Eltern: »Es ist ein Kopf-an-Kopf-Rennen zwischen Mr Gray und mir, wer unsere Maschine zuerst vollenden wird.«

Watson und Bell werden zu engen Freunden. Beide haben einen fast identischen Lebensrhythmus. Tagsüber gehen sie ihren Professionen an der Universität sowie in Williams' Werkstatt nach, nachts und an Wochenenden arbeiten sie ohne Unterlass an Bells Konstruktion. Watson hat oft Anmerkungen und Verbesserungsvorschläge. Er gibt Bell Einblicke in die Elektrizität, während dieser den Freund durch seinen akademischen Geist und seine Umgangsformen bereichert. Auch Hubbard und Sanders sind mit Watsons Arbeit höchst zufrieden. Sie sind sich sicher, Watson fokussiert den umherschweifenden Erfindergeist von Bell auf das aus ihrer Sicht Wesentliche: den »harmonic telegraph«.

Anfang 1875 ist die Arbeit von Bell und Watson so weit gediehen, dass ihr Gerät zwar noch nicht einwandfrei funktioniert, aber bestimmt in naher Zukunft 30 bis 40 Nachrichten simultan versenden kann. Es ist Zeit, ein Patent zu beantragen. Am 25. Februar ist der Augenblick gekommen: Bell reicht seinen Antrag im Washingtoner Patentamt ein.

Als der Patentbeamte das Formular bearbeitet, stutzt er, denn erst zwei Tage zuvor hatte Gray einen Antrag für ein ähnliches Gerät abgegeben. Die Verwirrung auf dem Patentamt ist groß. Denn beide Beschreibungen sind fast identisch. Doch für die Beamten zählt letztlich nicht, wer zuerst das Patent eingereicht hat, sondern wer zuerst die Idee dazu hatte. Es müssen Nachforschungen angestellt werden.

Mehrere Tage wartet Bell, ohne dass eine Entscheidung fällt. Wer als Erfinder anerkannt wird, hängt weiterhin in der Luft. Da entschließt sich Bell zu einem waghalsigen Manöver. Vielleicht kann er seine Maschine auch ohne Patent gewinnbringend an den Mann bringen. Und der Mann, den Bell im Auge hat, ist der Chef der Western Union, William Orton.

Im März 1875 reist Bell nach New York. Hubbard hat seinen Schützling gewarnt. Die Western Union werde ihn betrügen. Aber Bell schlägt Hubbards Ahnung in den Wind.

Der Verlauf des Treffens scheint Bells Erwartungen zu bestätigen. Orton begegnet dem Erfinder äußerst zuvorkommend. Er lässt einen Test mit Bells Gerät durchführen. Eine mehrfache Übermittlung über eine Entfernung von 200 Meilen gelingt problemlos. Bell selber ist überrascht, wie gut sein Gerät funktioniert. Seine Erfindung besitzt zwar nach wie vor kleine Fehler, die einen flächendeckenden Einsatz noch unmöglich machen, aber es ist im Grunde die Maschine, nach der die Western Union immer gesucht hat.

Die Direktoren sind begeistert. Doch Orton spielt ein hinter-

Philipp Reis

Reis' Telefon

triebenes Spiel mit Bell. Angestellte nehmen dessen Maschine mit, um sie angeblich mit besseren Batterien zu bestücken und damit die Leistung zu erhöhen. Am Nachmittag soll der Test wiederholt werden. Bell ist überglücklich, als er die Konzernzentrale zum Mittagessen verlässt, nicht ahnend, dass Ingenieure den Aufbau seiner Maschine währenddessen genau unter die Lupe nehmen.

Als Bell nachmittags zurückkehrt, steht er den neugierigen Fragen der Ingenieure Rede und Antwort. Wie die Maschine genau funktioniere? Welche Frequenzabstände er benutze? – So argwöhnisch Bell immer im Vorfeld gewesen ist, seine Erfindung könne gestohlen werden, so blauäugig und vertrauensselig gewährt er der Western Union jetzt Zugang zu seinem gesamten Wissen.

»Das Pferd frisst keinen Gurkensalat!«

Schon 1860/61 hatte der deutsche Lehrer Johann Philipp Reis, 1834 im hessischen Gelnhausen geboren, ein Gerät entwickelt, mit dem er über weite Entfernungen Töne übertragen konnte.

Die Konstruktionsweise war einfach und dabei doch sehr elegant: Der Sender bestand aus einem an einem Holzkasten befestigten Schalltrichter, in den gesprochen wurde. Herzstück des Senders war eine Membran aus Wursthaut, an der ein Metallblatt mit einem elektrischen Stromkreislauf befestigt war. Trafen Schallwellen auf das »künstliche Trommelfell«, wurde der Stromkreislauf je nach Schwingung unterbrochen oder moduliert. Diese elektrischen Signale flossen zum Empfänger, eine mit einer Magnetspule umwickelte Nähnadel, die auf einem Resonanzkörper befestigt war. Durch die Schwingung der Nähnadel entstanden wieder Töne.

Am 26. Oktober 1861 führte Reis sein Telefon erstmals öffentlich

Doch dann ändert sich am späten Nachmittag bei einem weiteren Treffen mit Orton schlagartig der Ton. Er sei nicht mehr an der Maschine interessiert, verkündet Orton. Zufälligerweise habe Elisha Gray während der Mittagspause vorbeigeschaut und sein Gerät vorgestellt. Es sei um ein Vielfaches besser als das von Bell. Der fällt aus allen Wolken und fordert eine Erklärung. Nach einem heftigen Disput bringt Orton schließlich den wahren Grund zur Sprache und macht Bell klar, dass die Western Union niemals ein Gerät kaufen werde, das Hubbard Profite bringe. Orton hat nicht vergessen, dass Hubbard mehrmals versucht hat, das Monopol der Western Union zu brechen. Bell muss erkennen, dass Orton von Anfang an die Vorführung nur dazu benutzt hat, so viele technische Einzelheiten wie möglich über seine Maschine herauszufinden.

Als Bell die Konzernzentrale in New York verlässt, fühlt er sich betrogen. Er darf seine Maschine sogar erst am nächsten Morgen abholen und wird mit der vagen Aussicht verabschiedet, man werde seine Erfindung vielleicht doch noch kaufen, wenn er sie perfektioniere – eine Hintertür für Orton, sollten Grays Bemühungen fehlschlagen. Während Bell niedergedrückt und wütend nach Boston abreist, erhält Gray alle Informationen über Bells Gerät ausgehändigt. Sie sollen seinen Erfolg beschleunigen.

dem Physikalischen Verein in Frankfurt vor. Der Legende nach soll der erste übertragene Satz »Das Pferd frisst keinen Gurkensalat!« gewesen sein. Bis heute spaltet die Frage, ob Reis' Gerät zu so etwas überhaupt in der Lage war, die Fachwelt in zwei unversöhnliche Lager.

Fraglos waren in Reis' Gerät alle Elemente eines Telefons enthalten. Das Prinzip des Senders war das gleiche, das später Bell benutzte. Der entscheidende Nachteil von Reis' Konstruktion ist aber, dass er das geniale Prinzip seines »künstlichen Trommelfells« nicht auch beim Empfänger anwandte. Hätte er auch hier anstelle einer Nähnadel auf einem Resonanzkörper eine Membran angebracht, die frei hätte schwingen können, wäre das Ergebnis zweifellos besser gewesen. Die Annahme, dass nur Töne oder bestenfalls Wortfetzen übertragen werden konnten, erscheint daher gerechtfertigt.

Aber William Orton geht kein Risiko ein. Auch Thomas Edison wird auf das Problem angesetzt. Die enorme Summe von 200 Dollar pro Woche wird ihm und seinem Mitarbeiterstab zur Verfügung gestellt. Und wie Gray erhält auch Edison alle Unterlagen über Bells Vielfachtelegrafie sowie Unterlagen über andere Erfindungen zur elektrischen Kommunikation. Darunter die Skizzen eines Deutschen namens Philipp Reis. Dieser hat ein Gerät erfunden, das Sprache übertragen soll und das er, abgeleitet aus dem Griechischen für »weit sprechen«, »Telefon« nennt.

Nach seiner Rückkehr aus New York ist Bell am Boden zerstört. Heftige Kopfschmerzen plagen ihn. Mehrere Tage legt er sich ins Bett, kann weder an seiner Erfindung noch in der Universität arbeiten. Während er sich von der herben Niederlage erholt, reift ein Entschluss in ihm. Er wird seine Erfindung so überarbeiten, dass sie besser als Grays Maschine funktionieren wird. Ob er sie an Orton verkauft oder ein eigenes Konkurrenzunternehmen aufbaut, weiß er noch nicht.

Bell kündigt seinen meisten Privatschülern und arbeitet verbissen an der Verbesserung seiner Vielfachtelegrafie. Sein Stolz und sein Ehrgeiz sind nach dem desaströsen Aufeinandertreffen mit Orton umso mehr angestachelt. Und dann, am Nachmittag des 2. Juni 1875, nimmt die Geschichte eine ganz besondere Wendung. Watson und Bell haben zwischen zwei Räumen in Williams' Labor eine Telegrafenleitung gespannt, an die mehrere Sender in einem Raum und mehrere Empfänger in einem anderen angeschlossen sind. Es ist ein heißer Tag, vor allem im Dachgeschoss, in dem sie experimentieren.

Als sich an einem Sender ein Metallblatt verklemmt, zupft Watson kräftig an dem Blatt. Bell, der in einem anderen Raum am Empfänger sitzt, hört auf einmal ein unspezifisches Knacken. Wo kommt das Knacken her? Es ist doch keine Batterie angeschlossen, sodass die Leitung ohne Strom ist.

Er läuft aufgeregt zu Watson und fragt, was er denn getan habe. Als Watson es beschreibt, erkennen beide, was geschehen ist. Durch das Zupfen an der Feder, die im Magnetfeld angebracht ist, hat Watson einen Strom induziert. Dadurch wurde die Feder in dem Empfänger in gleicher Weise zum Schwingen gebracht und das Knacken erzeugt, das Bell dort vernahm. Noch in derselben Nacht schreibt Bell aufgeregt an Hubbard: »Ich habe zufällig eine Entdeckung von größter Bedeutung gemacht [...] Es ist mir heute gelungen, Signale ohne irgendeine Batterie oder Dergleichen zu senden!« Jetzt soll dies auch mit Sprache gelingen.

Sprache besteht jedoch aus einer hohen Anzahl von verschiedenen Tonhöhen und Frequenzen, die eine Maschine dementsprechend aufnehmen und auch wiedergeben muss. Wie kann dieses breite Frequenzspektrum in einen elektrischen Impuls umgewandelt werden? Bei der Suche nach einer Antwort kommt Bell jetzt das Wissen zugute, das er seit Kindesbeinen besitzt. Er weiß ganz genau, wie Sprache und Sprachrezeption im Ohr funktionieren.

Bells Gedanken kreisen von nun an darum, ob man die Funktion des Ohres und vor allem des Trommelfells nicht nachahmen kann. Seine Versuche mit dem menschlichen Ohr und dem »Phonautograph«, wie er seine in der Scheune der Eltern eingesetzte Maschine nannte, scheinen die Frage eindeutig mit Ja zu beantworten.

Basierend auf seiner Idee vom vergangenen Sommer baut Bell mit Watson eine Maschine, die sie »membrane phone« nennen. Innerhalb weniger Tage ist das Gerät zur ersten Inbetriebnahme bereit.

Bell spricht auf eine Membran, die durch die Stimme in Schwingung versetzt wird. An der Membran ist ein dünnes, magnetisiertes Blatt angebracht, das je nach Schwingung verschieden tief in einen ringförmigen Elektromagneten einfährt. Je nach Eintrittstiefe schickt dieser unterschiedliche, modulie-

Wie man hört

Die menschlichen Stimmbänder geben je nach Beanspruchung individuelle Tonfrequenzen ab, die sich durch die Luft zum Ohr fortbewegen. Im Ohr treffen die Schallwellen auf das Trommelfell, das je nach Frequenz in eine andere Vibration versetzt wird. Diese Bewegung wird auf die Gehörknöchelchen übertragen, dabei erfolgt eine 20-fache Verstärkung der Schallwellen. Der Steigbügel überträgt die Schallwellen über das ovale Fenster in die Schnecke. Die darin vorhandenen Sinneshärchen werden angeregt und diese Signale ebenfalls als elektrische Impulse an das Gehirn weitergeleitet und dort entziffert.

rende Stromspannungen durch einen Draht, die denen der gesprochenen Sprache entsprechen. Diese Signale werden wieder an eine Membran abgegeben, die Schallwellen und damit Sprache erzeugt.

Doch es gelingt zunächst nur, einzelne Töne und Wortfetzen zu übertragen. Als Bell sein neues Gerät Hubbard vorführt, ist sein Mäzen aufgebracht. Er befürchtet, dass Bell wieder einmal einer seiner Fantastereien nachhängen will und das vereinbarte Ziel, den »harmonic telegraph«, aus dem Auge verliert. Hinzu kommt, dass Bell wenig später Hubbard mit einer weiteren Mitteilung konfrontiert: er sei unsterblich in Mabel verliebt. Trotz der Bitte ihres Vaters, seine Gefühle für sich zu behalten, beichtet Bell in einem Brief Mabel seine Liebe.

Obwohl Mabel ihrem Lehrer eindeutig zu verstehen gibt, dass sie ihn nicht liebt, erlaubt sie ihm, sie weiter zu besuchen und ihr den Hof zu machen – obwohl sie keinerlei Zuneigung empfindet. Vielleicht fühlt sie sich als 17-Jährige geschmeichelt, vielleicht hat aber auch der Vater ihr Verhalten beeinflusst. Denn was könnte geschehen, wenn Mabel Bell zurückweist? Bell würde sicher jegliche Beziehung zu den Hubbards abbrechen. Eine Beziehung, an der Hubbard jedoch sehr interessiert ist, denn Bells »harmonic telegraph« ist seine einzige Waffe für den Angriff auf das Monopol der Western Union.

Doch im weiteren Verlauf verschärfen sich die aufgekeimten Streitigkeiten zwischen Bell und Hubbard hinsichtlich der Frage, welches Projekt Priorität habe, das Telefon oder die Telegrafie. Da scheut Hubbard nicht davor zurück, seine Tochter als Druckmittel einzusetzen, zumal sie inzwischen begonnen hat, doch Gefühle für Bell zu entwickeln. Entweder führe Bell seine Forschung am »harmonic telegraph« erfolgreich zu Ende, oder er dürfe niemals Mabel heiraten. Bell ist angesichts dieser Erpressung aufgebracht. Mehrere Tage hängt das Damoklesschwert über der Partnerschaft der beiden Männer. Schließlich gibt Bell scheinbar nach. Er verspricht, die Arbeit an der Vielfachtelegrafie zu beenden. Aber in Wahrheit ist er nicht bereit, das Telefon völlig aufzugeben, beschäftigt sich nebenbei drei Tage in der Woche weiter mit der Sprachübertragung.

Im Winter 1875/76 arbeiten Watson und Bell am Rande des Nervenzusammenbruchs. Sie entwickeln den »harmonic telegraph« und das Telefon parallel weiter. Doch während sie bei der Viel-

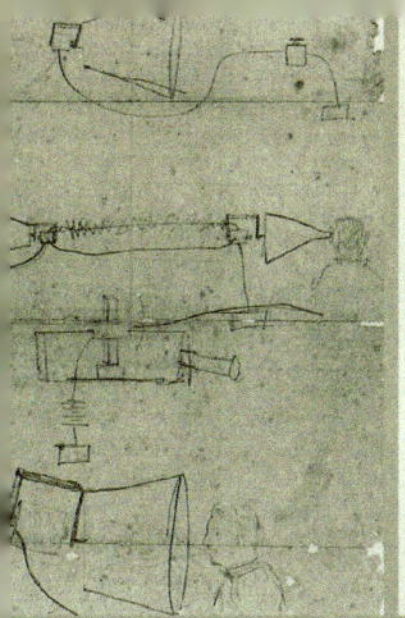

kizze Bells,
unktion des Telefons

Das »Teletrofono«, erstes »Telefon« von Meucci

Antonio Meucci

fachtelegrafie kaum Fortschritte machen, kommt ihre Arbeit an ihrem Lieblingskind, dem Telefon, immer schneller voran. Kaum verwunderlich, sieht der eigensinnige Bell die Arbeit an seiner Telegrafie doch nur als lästige Pflicht an. Trotzdem ist er bester Laune. Privat hat er sein Glück gefunden, und er ist überzeugt: Schon bald wird sein Telefon verständlich Sprache übertragen.

Doch da erhält Hubbard beunruhigende Nachrichten aus Washington. Seine Anwälte berichten, jemand stelle im Patentamt intensive Nachforschungen an, ob es bereits bestehende Patente zur Sprachübermittlung gebe. Als dann noch in Bells Labor Fremde beobachtet werden, die sich seine Apparate heimlich ansehen und Notizen machen, merkt Hubbard, dass er Bells Erfindung wohl doch unterschätzt hat. Und auf einmal drängt der bisher so energische Gegner des Telefons den jungen Bell, seine Apparatur zum Patent anzumelden. In aller Eile und in etlichen schlaflosen Nächten bereitet Bell die genaue Beschreibung seines Apparates für die Patenteinreichung vor. Hubbard ist höchst zufrieden damit. In Washington legt er den Patentbeamten die Unterlagen schon einmal zur Einsicht vor. Hubbard berichtet Bell, man habe dort gesagt, Mr Bell verstehe von Elektrizität mehr als alle Erfinder zusammen. Tatsächlich ist sich Bell sicher, die Lösung eines großen Problems gefunden zu haben. Und doch zögert er, Hubbard das endgültige Zeichen für die Einreichung zu geben.

Da fasst Hubbard, dem es unter den Nägeln brennt, einen raschen Entschluss und reicht am 14. Februar 1876, ohne Rücksprache mit Bell zu halten, dessen Erfindung zum Patent ein – keinen Moment zu früh. Nur wenige Stunden später halten die Patentbeamten einen fast identischen Antrag in den Händen – von niemand anderem als Elisha Gray, und zwar für ein Gerät, das ebenfalls Sprache übermitteln soll: ein Telefon. Sollte Gray schon wieder Bells lange und harte Arbeit durchkreuzen und ihm den verdienten Ruhm zunichtemachen? Wie schon ein Jahr zuvor überprüft das Patentamt, welcher Anspruch Vorrang hat. Doch die Patentbeamten zögern. Gibt es nicht bereits ein Patent auf das Telefon?

Die Beamten finden das gesuchte Schriftstück. Fünf Jahre zuvor wurde ein Antrag angenommen, mit dem die Idee auf elektrische Sprachübertragung geschützt werden sollte. Eingereicht von einem gewissen Antonio Meucci.

Meucci, am 13. April 1808 in der Nähe der toskanischen Metropole Florenz geboren, hat sich schon in frühster Kindheit mit mechanischen und dann mit chemischen und elektrischen Erfindungen beschäftigt. Später arbeitet er als Mechaniker an einem Theater. 1835 muss er als Sympathisant der Revolutionäre um Garibaldi nach Übersee emigrieren. Nach 15 Jahren auf Kuba als leitender Theatermechaniker siedelt Meucci mit seiner Frau schließlich 1850 nach New York um. Dort soll er bereits 1854 eine erste Fernsprechverbindung entwickelt haben, um aus seiner Werkstatt im Erdgeschoss mit seiner bettlägerigen Frau im dritten Stock zu sprechen.

1860 führt er sein »teletrofono« öffentlich in New York vor. Eine Beschreibung seines Geräts wird in einer italienischsprachigen Zeitung veröffentlicht. Ob oder wie gut eine Sprachübermittlung jedoch wirklich funktioniert hat, wird nirgends ganz deutlich. Auf jeden Fall gelingt es Meucci nicht, sein Gerät erfolgreich zu vermarkten. Sei es, weil es nicht einwandfrei funktioniert, oder weil die Zeit einfach noch nicht reif für diese Erfindung ist.

Durch Spekulationen verliert Meucci kurz darauf fast sein gesamtes Vermögen. Trotzdem entwickelt er seine Idee weiter und reicht sie am 28. Dezember 1871 als Patentvorantrag (»caveat«) ein, wobei letztlich kein Apparat, sondern nur das Prinzip der Sprachübertragung mittels elektrischer Impulse durch einen Draht geschützt werden kann. Es ist nicht sicher, ob Meucci keinen Patentantrag stellt, weil sein Apparat noch nicht richtig funktioniert, oder ob er für einen solchen Antrag, der 250 Dollar kostet, nicht genug Geld hat. Die Gebühr für ein »caveat« beträgt nämlich nur zehn Dollar.

Falls Meucci gehofft hat, nach Erteilung der »caveat« Finanziers zu finden, wird diese Hoffnung enttäuscht. Bis ins Jahr 1874 lässt er seinen Patentvorantrag jährlich erneuern. Dann ist er durch Geldprobleme gezwungen, auf eine weitere Verlängerung zu verzichten.

Da Meuccis Anspruch seit zwei Jahren verfallen ist, müssen die Patentbeamten nun entscheiden, ob Bell oder Gray das Patent zugesprochen werden soll. Hätte Meuccis »caveat« noch Gültigkeit besessen, wären beide Erfinder unzweifelhaft abgewiesen worden.

Bell wird nach Washington geladen, um dem zuständigen Beamten Rede und Antwort zu stehen. Bell erklärt die Funktionsweise seines Geräts und wie ihm die Idee dazu gekommen ist. Doch dann vergehen die Tage, ohne dass er eine Nachricht erhält.

Endlich, an seinem 29. Geburtstag, erfährt Bell von der Entscheidung des Patentamts. Unter der Nummer 174,465 wird ihm das Patent für sein Telefon vergeben. Es ist das schönste Geburtstagsgeschenk seines Lebens. Für die Behörde war es ausschlaggebend, dass er einen Antrag eingereicht hatte mit einer schon in Ansätzen funktionierenden Maschine, während Gray nur die Idee, eine solche Maschine zu bauen, hätte vorweisen und folglich nur einen Patentvorantrag (»caveat«) hätte erhalten können.

Hätte Hubbard in Washington nicht kurz entschlossen den Patentantrag für Bell eingereicht, ja wäre die Anmeldung nur wenige Stunden später erfolgt, nachdem Gray seine »caveat« erhalten hätte, wäre Bells Antrag zweifellos abgewiesen worden.

Direkt nach Erhalt des Patents kehrt Bell nach Boston zurück, um die Verbesserungen seines Telefons in Angriff zu nehmen. Doch das Patent alleine ist nur ein wertloses Stück Papier, solange er der Welt keine funktionstüchtige Maschine präsentieren kann.

Als an jenem bedeutungsvollen 10. März 1876 bei einem erneuten Versuch mit der Apparatur Watson auf einmal aus dem Empfänger die Stimme Bells, der im anderen Raum sitzt, mit den Worten hört: »Mr Watson – kommen Sie her – Ich möchte Sie sehen«, ist den beiden der entscheidende Durchbruch gelungen.

Aufgeregt tauschen sie die Plätze. Watson beginnt zu singen, dann liest er Passagen aus einem Buch vor und schließt mit den Worten: »Mr Bell, verstehen Sie, was ich sage?« Bell hat verstanden. Es ist den beiden zum ersten Mal gelungen, Sprache zu

Patentkunde | Weltausstellung 1876 in Philadelphia | William Thomson

übermitteln. Sie wissen zwar, dass noch ein langer Weg vor ihnen liegt, um das System einsatzfähig zu gestalten. Aber sich der historischen Tragweite des Durchbruchs schon bewusst, schreibt Bell spät am Abend seinem Vater: »Ich spüre, dass ich endlich die Lösung eines großen Problems gefunden habe – und bald kommt der Tag, an dem Telegraphendrähte zu den Häusern gelegt werden wie Wasser oder Gas – und Freunde miteinander reden, ohne das Haus zu verlassen.«

Der Erfolg spornt Bell und seinen Partner an. Immer neue Verbesserungen und Modifikationen des Geräts werden erprobt. Jeden Tag lehrt Bell zunächst an der Universität, um danach an seiner Erfindung bis vier Uhr in der Früh im Labor zu arbeiten. Dann ein paar Stunden Schlaf, bevor es weitergeht. Die einzige Abwechslung besteht aus den wenigen Momenten, die er mit Mabel verbringen kann. Mabel hat für ihn das Bild einer Nachteule gemalt. Das ist er in ihren Augen.

Watson hat oft Probleme, den gänzlich übermüdeten Bell morgens aus dem Bett zu bekommen. Aber um die Öffentlichkeit zu überzeugen, muss sein Gerät vollkommen einwandfrei funktionieren.

Zu dieser Zeit steht die Eröffnung der Jahrhundertausstellung in Philadelphia unmittelbar bevor. Hubbard sieht in ihr die ideale Bühne, um Bells Apparatur öffentlichkeitswirksam zu präsentieren.

Handels- und Industrieausstellungen sind in der zweiten Hälfte des 19. Jahrhunderts infolge der revolutionären technischen Umwälzungen ungemein populär. In den USA hat man zum 100-jährigen Bestehen der Vereinigten Staaten eine Messe vorbereitet, die alle bisherigen Ausmaße solcher Veranstaltungen sprengen soll. Auf einem 1,15 Quadratkilometer großen Gelände werden über 250 Gebäude aufgestellt. Die voll verglaste Hauptmessehalle gleicht einem Palast. Ihre Länge von 1876 Fuß entspricht der Jahreszahl der Eröffnung. Mit über einem halben Kilometer ist es damit das größte Gebäude der Zeit.

Neueste Erfindungen, Waren und Besonderheiten können bestaunt werden, unter anderem der Arm und die Fackel für die Freiheitsstatue, die gerade in New York errichtet wird. Eine Jury der berühmtesten Wissenschaftler um William Thomson, der als Lord Kelvin in die Geschichte eingehen wird, soll der bedeutendsten Erfindung eine Ehrenmedaille verleihen.

Hubbard drängt Bell, sein Telefon dort anzumelden und vorzuführen. Doch Bell zögert. Er will das System erst vollkommen einsatzfähig haben. Eine Schlappe kann und will er sich bei so einer wichtigen Messe nicht erlauben. Auch Mabel redet immer wieder auf ihren Verlobten ein, an der Messe teilzunehmen.

Am 10. Mai 1876 wird die Messe unter dem tosenden Beifall von 150 000 Schaulustigen durch den amerikanischen Präsidenten Ulysses Grant mit 1000 Kanonensalutschüssen für sechs Monate eröffnet, in denen fast zehn Millionen Zuschauer aus aller Welt das Gelände besuchen werden.

Als Bell in Philadelphia ankommt, muss er feststellen, dass sein Telefon die Fahrt nicht heil überstanden hat. Ihm gelingt es, sein Gerät über Nacht notdürftig zu reparieren. Es beunruhigt ihn, dass eine andere Maschine als haushoher Favorit auf die Verleihung der Ehrenmedaille gehandelt wird. Ihr Erfinder ist Bells Rivale Elisha Gray. Sein »musical telegraph« kann Musikstücke elektrisch über weite Entfernungen übertragen. Im Gegensatz zu Bells Gerät, das niemand kennt, ist Grays Erfindung bereits auf beiden Seiten des Atlantiks in aller Munde und wird als Revolution in der Telegrafie gefeiert.

Bell gelingt es, einige der Juroren, darunter William Thomson, anzusprechen und sich vorzustellen. Thomson verspricht ihm, am Sonntag, dem 25. Juni, wenn die Jury in Begleitung des brasilianischen Kaisers Dom Pedro zur offiziellen Begutachtung der Erfindungen kommt, auch Bells Arbeit anzuschauen. Bell ist begeistert. Dom Pedro hat er wenige Wochen zuvor in Boston kennengelernt. Der brasilianische Monarch hatte sich sehr für seine Erziehungsmethoden bei Taubstummen interessiert und sich lange mit ihm unterhalten.

Unruhig erwartet Bell an dem Entscheidungstag, an dem das Gelände für die Öffentlichkeit gesperrt ist, die Ankunft der Juroren. Sein Telefon ist in einer der hinteren Ecken des gläsernen Hauptgebäudes untergebracht. Dort hat er den Empfänger platziert und einen Telefondraht in eine andere Ecke des Gebäudes außerhalb der normalen Hörweite gespannt, wo er den Sender installiert hat. Es herrscht an diesem Tag in dem Glaspavillon wegen der heißen Junisonne eine unangenehme Hitze.

Bell beobachtet voller Spannung, wie Thomson und Dom Pedro mit ungefähr 50 weiteren Juroren sich Grays Stand zuwenden. Als Gray seine Musikübertragung vorführt, sind die Juroren begeistert. Schließlich erntet Grays Demonstration großen Applaus.

Zwischendurch hat der brasilianische Kaiser Bell erblickt. Dom Pedro erkennt ihn sofort wieder, kommt nach Grays Darbietung zu Bell und schüttelt ihm die Hand. Die anderen Juroren folgen ihm.

Wie es den Taubstummen gehe, fragt ihn der Kaiser freundlich. Nach einer kurzen Erwiderung präsentiert Bell stolz sein Telefon, gibt aber zu bedenken, dass seine Erfindung erst im »embryonalen Stadium« sei. Er lädt Thomson ein, sein Ohr an den Empfänger zu halten. Bell eilt zu dem Sender. Plötzlich kann Thomson Bells Stimme hören. Er ist verblüfft. Wo ist Mr Bell? Verwundert läuft Thomson zu Bell und bittet ihn, etwas Klassisches zu zitieren. Zurück am Empfänger, hört Thomson laut und deutlich Bells Stimme mit den Worten: »Sein oder Nichtsein, das ist hier die Frage.« Als Nächster beugt sich Dom Pedro über den Empfänger und ruft nach einigen Sekunden voller Überraschung aus: »Ich habe gehört – ich habe gehört!«

Mobilfunk

Heute es völlig alltäglich, mit dem Telefon oder dem Handy zu kommunizieren. Innerhalb weniger Sekunden kann eine Sprachverbindung zu fast jedem Flecken auf unserem Planeten hergestellt werden. Das eigentlich Verblüffende an diesem Vorgang ist jedoch die unsichtbare Technik, die sich hinter der Steckdose oder dem Mobiltelefon verbirgt.

Versucht beispielsweise jemand in New York, über das Festnetz eine Handynummer in Japan anzurufen, wird das Signal im Netzknoten New Yorks ins globale Glasfasernetz eingespeist, rast über den amerikanischen Kontinent und durch Seekabel auf dem Grund des Pazi-

Die Juroren sind begeistert. Bell wird später die Ehrenmedaille für seine Erfindung verliehen.

In einem Brief an seine Eltern teilt er ihnen voller Freude mit, dass er in Philadelphia einen überwältigenden Erfolg gehabt hat. Er fühlt sich am Ziel seiner Bemühungen. Seine Erfindung ist von den höchsten wissenschaftlichen Kreisen anerkannt worden. Und vor allem wird sie in den nächsten Monaten überschwänglich in der Presse bejubelt. Aus dem unbeachteten Taubstummenlehrer wird eine weltweit bekannte Persönlichkeit.

Nachdem Bell bewiesen hat, dass sein Telefon funktioniert, muss er jetzt die Anwendbarkeit über weite Strecken demonstrieren. In Boston sind bisher nur Telefonate im Umkreis von 100 Metern gelungen.

Er reist zu seinen Eltern ins kanadische Brantford. Dort will er endlich auch dieses Problem lösen. Und vor allem bietet Kanada einen großen Vorteil für seine Versuche. In den USA würde die Western Union nie ihr Telegrafienetz für einen Distanzversuch zur Verfügung stellen. In Kanada haben die Telegrafiegesellschaften hingegen keine Vorbehalte.

Dort kann Bell über die Leitungen der Dominion Telegraph Company im August 1876 einen Versuch durchführen, der für ihn von allergrößter Bedeutung ist. Den Sender positioniert er in Brantford, Ontario, den Empfänger in dem rund acht Meilen entfernten Paris und die Stromversorgung (Batterien) innerhalb der Streckenführung etwa sechs Meilen weg in Toronto, sodass

fiks nach Fernost. Dort wird das Signal ins Mobilfunknetz weitergeleitet und das Handy lokalisiert.

Noch entsteht aber keine Sprachverbindung. Denn die Funkzelle, die das Handysignal aufspürt, sendet zuerst ein Bereitschaftssignal mit der Botschaft zurück nach New York, dass der Teilnehmer lokalisiert und empfangsbereit ist. Erst wenn diese Antwort in New York ankommt, wird die eigentliche Sprachverbindung aufgebaut. Das Signal läuft also dreimal durch den Ozean, bevor es beim Angerufenen klingelt. Der ganze, vollautomatische Vorgang dauert nur die unvorstellbar kurze Zeit von Millisekunden.

Die Öffentlichkeit wird auf Bell aufmerksam (Zeitungsausschnitt)

Bell und Dom Pedro (Rekonstruktion)

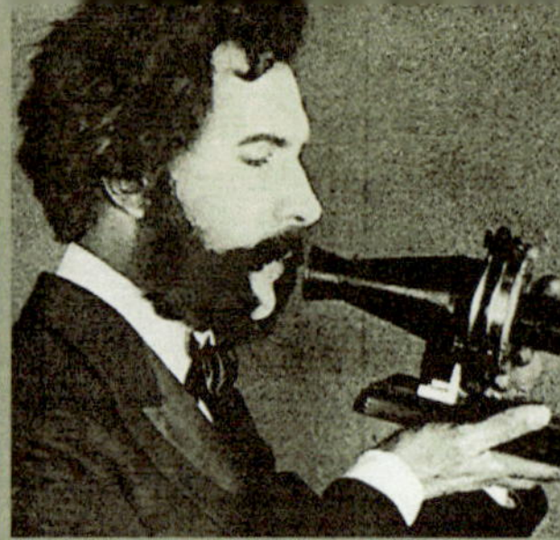

Bell demonstriert seinen Apparat

die Länge der gesamten Leitung zwischen 60 und 70 Meilen beträgt. Es ist die erste Übertragung von Sprache über eine größere Distanz. Aber noch funktioniert die Übertragung nur in eine Richtung, von einem Sender zu einem Empfänger.

In demselben Monat führt Bell noch mehrere verschiedene Versuche durch, die alle erfolgreich sind.

Mit seinen erfolgreichen Vorführungen im Rücken kehrt Bell aus Kanada nach Boston zurück und fährt mit seinen Experimenten fort.

Seinem Helfer Watson, der seit einiger Zeit nur sporadisch für Bell gearbeitet hat, bietet er im August 1876 eine Festanstellung an. Watson sagt sofort zu. Er bekommt drei Dollar am Tag sowie

Immer noch Kabel

Auch heute noch sind Kabelverbindungen – wie schon im 19. Jahrhundert – die Basis unserer Telekommunikation. Auf die Frage, wie ein Telefonat von Europa nach Amerika übertragen wird, antworten fast alle: per Satellit. Aber die Kommunikation via Weltraum umfasst nur 20 Prozent des weltweiten Datenaufkommens, Tendenz sinkend. Es ist das weltweite Glasfasernetz, das die Menschheit zu einer globalisierten Datengesellschaft formt.

Auf den Weltmeeren liegen Glasfaserkabel, die 1000 Gigabyte pro Sekunde gleichzeitig übertragen können – so viel wie etwa 62 Millionen Telefonate zusammen. Was 2008 als Gipfel der Übertragungsgeschwindigkeit gilt, wird in wenigen Jahren veraltet sein. Rund um die Uhr lässt eine Flotte von Seekabelverlegern auf allen Weltmeeren neue Glasfaserstränge in die Tiefen der Ozeane ab, die den wachsenden Datendurst und -verkehr bewältigen sollen.

freie Kost und Logis. Aufgrund seiner großen Verdienste für die Entwicklung soll er darüber hinaus zehn Prozent aller zukünftigen Profite erhalten, während je 30 Prozent auf Bell, Sanders und Hubbard entfallen.

Nach dem erfolgreichen Distanzversuch fehlt Bell nur noch ein Puzzlestück für den endgültigen Durchbruch. Es muss möglich sein, an jedem Ende der Telefonleitung sowohl zu empfangen als auch zu senden. Die Lösung ist bald gefunden. Ein weiteres Sender-Empfänger-Paar und eine zweite Drahtverbindung werden aufgebaut, später sowohl ein Empfänger als auch ein Sender in ein Gerät integriert.

Am 6. Oktober 1876 wird diese Versuchsanordnung getestet. Watson und Bell sind auf verschiedenen Stockwerken durch zwei Telefonleitungen miteinander verbunden. Bell beginnt: »Wenn Sie verstehen, was ich sage – sagen Sie etwas zu mir« »Es ist definitiv das Beste, was ich jemals gehört habe«, erwidert Watson. »Es ist das Beste, was ich jemals gehört habe«, gibt Bell zurück, und Watson freut sich: »Erfolg hat endlich unsere Mühen belohnt.« In den folgenden Tagen prüfen Bell und Watson ihre Geräte erstmals über private Telegrafendrähte und über immer größere Entfernungen. Zuerst zwischen Boston und Cambridgeport, eine Entfernung von drei Kilometern. Eineinhalb Stunden reden sie über die rosige Zukunft ihrer Entwicklung. Eine Vor-

»Konvergenz« ist das Zauberwort der anvisierten Zukunft: die Zusammenfassung von Sprach- und Datendiensten, von Mobilfunk- und Festnetz.
Wer hätte früher gedacht, dass man über ein Handy nicht nur telefonieren, sondern auch Fotos verschicken oder gar fernsehen kann? Oder wer hätte gedacht, dass man mittels eines Computers telefoniert? Eine immer stärkere Konvergenz auf allen Ebenen setzt sich durch: der Netze, der Dienste und auch der Endgeräte. Diese Vielfalt muss gemanagt werden. Letztendlich ist die Telekommunikation ein großes Netz, eine große Industrie, die in der Zusammenarbeit funktionieren muss. Und das ist die Herausforderung des 21. Jahrhunderts für die Netze und ihre Betreiber.

führung vor der bedeutenden American Academy of Arts and Sciences endet in tumultartigem Applaus.

Als Bell im Herbst 1876 im Alter von nicht einmal dreißig Jahren bereits seine größten Erfolge feiert, gibt es für ihn aber noch ein schier unüberwindliches Problem. Sein Telefon funktioniert zwar, aber um es flächendeckend einzusetzen, müsste er auf das Distributionsnetz der Western Union zurückgreifen können. Ohne ihr Drahtnetz ist das Telefon nutzlos. Die Alternative wäre, selber ein solches Netz aufzubauen – eine Aufgabe, die zu kostenintensiv und schwierig erscheint.

Als sich im Herbst 1876 für Bell, Hubbard und Sanders wirtschaftliche Probleme abzeichnen, bieten sie Bells Telefonpatent der Western Union für 100 000 Dollar zum Kauf an. Ihr Präsident William Orton lehnt mit der Bemerkung ab, so ein fehlerhaftes Gerät habe keinen praktischen Wert für die Western Union. Möglicherweise ist Ortons schroffe Antwort durch seine Antipathie gegen Hubbard motiviert. Es ist, wie sich später zeigt, eine der größten Fehlentscheidungen in der Wirtschaftsgeschichte.

Trotz seiner ablehnenden Haltung ist sich Orton der Gefahr, die das Telefon für seinen Konzern darstellt, durchaus bewusst. Die Western Union startet eine Kampagne, die das Telefon diffamiert. Ist Bells Erfindung bisher in der Presse überschwänglich gefeiert worden, melden sich plötzlich auch kritische Stimmen zu Wort.

Elisha Gray giftet, das Gerät finde nur in wissenschaftlichen Kreisen Beachtung. Die ›Chicago Tribune‹ wirft Bell Betrug vor, und ›The Tribune‹ vom 16. Februar 1877 behauptet sogar, Bell habe die Erfindung von Gray gestohlen.

Der Ton in der öffentlich ausgefochtenen Auseinandersetzung verschärft sich immer mehr. Lässt man mit einem Telefon einen Spion ins Haus, der alles weiterträgt, was privat gesprochen wird? Kann das Telefon Krankheiten übertragen, den Benutzer taub oder wahnsinnig machen? Immer wieder werden solche Schreckgespenste an die Wand gemalt und schüren in der Bevölkerung Ängste vor dem Telefon. Bald halten viele das Telefon sogar für Teufelswerk. Wenn eine Stimme völlig losgelöst vom Körper irgendwo anders zu hören ist, dann kann das nicht mit rechten Dingen zugehen.

Bell reagiert mit einer öffentlichen Gegenkampagne. Zum einen will er mit Vorführungen und der Aufklärung über die Funktionsweise die Vorurteile entkräften, zum anderen sieht er in den Eintrittsgebühren vorerst die einzige Chance, mit seinem Telefon Geld zu verdienen.

Am 12. Februar 1877 führt er in Salem erstmals einer Gruppe von 500 bis 600 Zuschauern vor, wie er mit Watson im 22 Kilometer entfernten Boston telefoniert. Sie singen, reden, und ein Reporter des ›Boston Globe‹ übermittelt durch das Telefon eine Nachricht nach Boston. Nach der Vorführung nimmt der Applaus kein Ende. Es war die erste Demonstration eines Telefonats, das nicht nur in eine Richtung geführt wurde, sondern bei dem sich die Gesprächspartner wechselseitig verständigen konnten.

Am nächsten Tag titelt der Boston Globe: »Sent by Telephone: The First Newspaper Dispatch sent by a Human Voice Over the Wire« (»Mit dem Telefon gesendet: Der erste Zeitungsbericht von einer menschlichen Stimme übertragen«). Die Geschichte wird von fast jeder Zeitung in Nordamerika übernommen und auch in Wissenschaftsjournalen in Europa nachgedruckt. Nach der Fachwelt ist endlich auch der Mann von der Straße vom unvorstellbaren Nutzen des Telefons überzeugt und begeistert.

Bei einer zweiten Vorführung am 23. Februar 1877 nimmt Bell 149 Dollar ein, der erste Gewinn, den sein Telefon abwirft. 85 Dollar gibt er direkt wieder aus, um seiner Mabel ein kleines, silbernes Modell seines Telefons zu schenken.

Angetrieben von der öffentlichen Euphorie wagen Bell und seine Mitstreiter den letzten Schritt: den Aufbau eines eigenen Kabelsystems. Am 4. April 1877 wird die erste Telefonleitung verlegt: von Charles Williams' Werkstatt, wo das schicksalhafte Aufeinandertreffen von Bell und Watson stattfand, zu Williams' Privathaus.

Immer mehr Anfragen von Privatleuten erreichen Bell und führen zu einer entscheidenden Frage. Sollen die Geräte verkauft oder vermietet werden? Hubbard setzt sich für Letzteres ein. Wenn man vermiete, seien trotz höherer Anfangskosten geregelte Einnahmen und die Kontrolle über das Telefongeschäft garantiert. Am Ende stimmen alle dem Plan zu.

Hubbards Vorschlag entpuppt sich im Nachhinein als eine wahre Goldgrube. Ab Mai 1877 kann jeder ein Telefon für 20

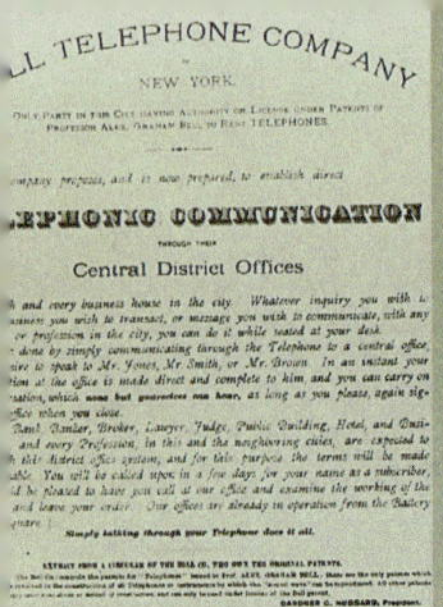

Werbung der Bell Telephone Company

Demonstration der Telefonanlage über eine größere Distanz

Dollar im Jahr leihen, Geschäftskunden müssen 40 Dollar bezahlen. Maximal garantierte Reichweite: 30 Kilometer. Am 9. Juli 1877 wird die Bell Telephone Company gegründet. Wie vereinbart, erhalten Hubbard, Sanders und Bell einen je 30 Prozent großen Anteil am Unternehmen, Watson zehn Prozent.

Zwei Tage später heiratet Bell seine geliebte Mabel. Obwohl er nicht den »harmonic telegraph« vollendet hat, sieht Hubbard mit der Entwicklung des Telefons Bells Verpflichtungen als erfüllt an. Zur Hochzeit schenkt Bell seiner Mabel ein Kreuz aus elf großen Perlen und überschreibt ihr alle seine Anteile an der Bell Telephone Company – außer zehn Aktien, die er aus sentimentalen Gründen behält.

Bell fühlt, seine Mission ist erfüllt. Er hat gegen alle Widerstände eine neue Art der Kommunikation erfunden. Jetzt will er sich anderen Dingen, weiteren Erfindungen widmen. Zuvor geht er auf eine lange Hochzeitsreise, die ihn über die Niagarafälle, den

Der große Bruder

Was damals als abschreckende Propaganda ausgedacht wurde, ist heute hinsichtlich des Überwachungsszenarios Realität. Unser Datenverkehr, unsere Telefonate und E-Mails werden ausspioniert. Nach dem 11. September und dem von George Bush erklärten Krieg gegen den Terrorismus mehr denn je. Eine besondere Rolle spielt dabei ein Überwachungssystem mit der Bezeichnung »Echelon«, das dafür ausgebaut und perfektioniert worden ist. Es wird von den USA, Großbritannien, Kanada, Neuseeland und Australien betrieben. In Menwith Hill in England steht eine der größten Abhörstationen. Eine von vermutlich über 120, auf die Echelon zurückgreifen kann.

Wohnsitz seiner Eltern, die zum ersten Mal ihre Schwiegertochter zu Gesicht bekommen, bis nach Europa führt. Fast genau sieben Jahre nach seiner Auswanderung betritt er in England wieder europäischen Boden. Aber sich ganz vom Telefon lossagen, das kann Bell auch während seiner Hochzeitsreise nicht. Mehrmals führt er seine Erfindung öffentlich vor, unter anderem der britischen Queen Victoria auf ihrem Landsitz Osborne House auf der Isle of Wight. Bei der Präsentation begeht Bell sogar den Fauxpas, die Queen anzufassen, als sie kurz abgelenkt ist. Während die englische Entourage den Atem anhält, ist die Queen so von dem neuen Apparat gefesselt, dass sie den Vorfall gar nicht wahrnimmt oder zumindest darüber hinweggeht. Sie ist vom Telefon hingerissen und lässt sofort auf ihrem Herrschaftssitz eine Leitung errichten, um ihren Sekretär jederzeit anrufen zu können.

Die positive Resonanz von Queen Victoria kurbelt auch in Europa den Telefonabsatz an. Bell verlegt in einer Kohlenmine in Newcastle die erste Telefonleitung unter Tage, führt seine Erfindung Wissenschaftlern und einer großen Öffentlichkeit vor. Währenddessen entstehen in den USA im ganzen Land kleine Filialen, die Bells Telefone vermieten. Williams versucht, in Boston der steigenden Anfrage Herr zu werden, produziert pro Tag 25 Geräte.

Weltweit werden Patente für Bells Telefon eingereicht. Im Deutschen Reich wird seit seiner Gründung 1871 aber noch über ein einheitliches Patentrecht beraten, das erst 1877 in Kraft tritt. Ein glücklicher Zufall für die Firma von Siemens und

Die eingefangenen Signale werden durch Supercomputer verarbeitet. Gefüttert mit Suchparametern wie Zieladressen, Wörtern (»Bombe«, »Anschlag«, etc.), Sätzen oder sogar den Stimmprofilen gesuchter Terroristen durchforsten die Rechner das Datenaufkommen.
Kontrolliert und verwaltet wird das Echelon-System von der National Security Agency (NSA), die den zweifelhaften Ruhm besitzt, als größte Spionageabteilung der Welt zu gelten. Allein in ihrem Hauptquartier in Maryland beschäftigt die NSA über 28 000 Mitarbeiter.

Halske, die im deutschsprachigen Raum ein eigenes Telefonsystem etabliert, für das sie keine Kommissionsgebühren an Bell abführen muss.

In anderen Ländern vergibt Bell wie ein Monarch großzügig seine Patentrechte an Freunde und Verwandte. Sein Vater erhält drei Viertel der Rechte in Kanada. Australien fällt an seine Cousins.

Bell scheint auf der ganzen Linie gesiegt zu haben. Ein Triumph, der sich auch in Bells Statur widerspiegelt. Der vorher schlaksige junge Mann wird rasch mehrere Kilo schwerer, sodass sich Bell eine völlig neue Garderobe zulegen muss. Als im Mai 1878 Tochter Elsie May zur Welt kommt, scheint das Glück vollkommen zu sein. Aber Bell hat die Rechnung ohne seinen größten Widersacher gemacht, die Western Union.

Hatte die Western Union schon vereinzelt Anschuldigungen gegen Bell verbreitet, er habe Grays Wissen gestohlen, so gründet der Megakonzern jetzt kurzerhand die »American Speaking Telephone Company« als Konkurrenzunternehmen zu Bell. Da das Telefon in Wahrheit Grays Erfindung sei, genieße es auch keinen Patentschutz, könne daher genauso gut von der eigenen Gesellschaft vertrieben werden, ist die Rechtfertigung.

Es ist ein ungleicher Kampf zwischen David und Goliath. Auf der einen Seite die Bell Telephone Company, die nach wie vor in den Kinderschuhen steckt und die noch immer höhere Ausgaben als Einnahmen verkraften muss. Auf der anderen Seite ein Megakonzern mit 40 Millionen Dollar an Marktkapital und drei Millionen Dollar Gewinn pro Jahr.

Im April 1878 stirbt zwar William Orton, der Bell und Hubbard bis aufs Messer bekämpft hat. Aber die Intensität der Auseinandersetzung reißt unter seinem Nachfolger nicht ab. Bell nimmt die Anschuldigungen zuerst nicht ernst. Er versucht, sie zu ignorieren und will nicht gegen sie vorgehen. »Je mehr Ruhm ein Mann für eine Erfindung erhält – desto mehr wird er zur Zielscheibe für die Welt, um darauf zu schiessen …«, schreibt er im September 1878. Die Anklagen scheinen ihm absurd angesichts seiner Leistung und der Anerkennung, die ihm weltweit entgegengebracht wird. Doch mit jedem Tag, an dem die Western Union ihre Lügen verbreiten kann und mit ihrer Tochterfirma der Bell Telephone Company den Markt abgräbt, scheint Bells Erfolg mehr zu verblassen.

Es ist wieder Gardiner Hubbard, der Bell und damit auch

Mabel und Alexander Graham Bell

Versuch über längere Distanzen

Longdistance-Call New York – Chicago

sich selbst zur Hilfe eilt. Hubbard erkennt sofort, dass die finanzielle Potenz und das landesweite Telegrafennetz der Western Union ihre Firma schnell an die Wand drücken werden. Er verklagt im Namen der Bell Telephone Company am 12. September 1878 eine Firma, die in Konkurrenz zu Bell Telefone ausleiht und hinter der die Western Union steht. Was aufgrund des vorhandenen Patents wie eine eindeutig und schnell zu entscheidende Verhandlung aussieht, entpuppt sich jedoch als langwieriges Gerichtsdrama, das in die Geschichtsbücher eingehen wird.

Die Justiz muss untersuchen, ob an der Behauptung des Ideendiebstahls ein Funke Wahrheit ist. Erst dann kann ein endgültiges Urteil gefällt werden. Beide Seiten bieten Zeugen und Gutachter auf. Vor allem die Western Union besitzt ein scheinbar nicht enden wollendes Heer von Sachverständigen.

Hubbard bittet Bell, als Erfinder seine Version der Dinge vor Gericht zu Protokoll zu geben. Aber Bell weigert sich. Im September 1878 schreibt er: »Zu Einem bin ich fest entschlossen, und zwar, dass ich keine Zeit und kein Geld mehr für das Telefon verschwenden werde. Wenn ich noch etwas meiner Zeit aufwende – dann nur für das, was meinem Herzen am nächsten ist.«

Als Bell und Mabel nach einem Jahr aus England zurückkehren und in Quebec wieder amerikanischen Boden betreten, empfängt sie der alte Freund Thomas Watson. Hubbard hat ihn geschickt. Er soll Bell überreden, endlich als Zeuge auszusagen. Die Chancen, den Prozess zu verlieren, würden von Tag zu Tag wachsen. Nur Bells Aussage könne das Blatt vielleicht noch wenden. Was sie dringend vor Ablauf der Eingabefrist brauchen, ist ein grober Abriss an Daten, wann Bell seine Erfindung gemacht hat.

Bell stimmt schließlich zu. In Begleitung Watsons, der sicherstellen soll, dass Bell nicht im letzten Moment seine Meinung ändert, reist er nach Boston. Dort beginnt er, seine Aufzeichnungen durchzuschauen. Er kontaktiert Freunde, denen er oft über seine Erfindung geschrieben hat, und bittet sie, die Korrespondenz zurückzuschicken. Ebenso beauftragt er Mabel, alle seine Briefe an sie gewissenhaft durchzulesen. Die ersten Daten können termingerecht übermittelt werden. Und was viel wichtiger ist: Bells Kampfeswille ist entfacht.

Am 25. Januar 1879 beginnt in New York die Gerichtsverhandlung. Als Elisha Gray vernommen wird, reist Bell dorthin. Er will die Aussage selbst mit anhören, auf die sich die Gegenseite maßgeblich stützt. Tage später wird Bell in den Zeugenstand gerufen. Stundenlang muss er Rede und Antwort stehen. Als Bell nach vier Stunden Verhör am frühen Nachmittag gefragt wird, ob er nicht eine Mittagspause benötigt, antwortet Bell, er esse nicht zu Mittag. Die Befragung geht bis abends weiter, ohne dass Bell Ermüdungserscheinungen zeigt.

Er kann detailliert die Funktionsweise und die Ursprünge seiner Erfindung darlegen. Die Richter sind beeindruckt. Doch vor allem kann er schriftliche Beweise bringen: seine handschriftlichen Tagebücher, in denen er seine Versuche dokumentiert hat, dazu Briefe an Freunde und Verwandte, in denen er von seinen Erfolgen und Rückschlägen während der Erfindung des Telefons berichtet.

Die Beweislage ist über jeden Zweifel erhaben. Auch die Anwälte der Western Union müssen erkennen, dass sie den Fall nicht mehr gewinnen können. Im November 1879 einigen sich die Parteien außergerichtlich. Die Western Union muss sich aus dem Telefongeschäft zurückziehen. Die Bell Telephone Company erhält darüber hinaus alle Patentrechte an Grays und Edisons Telefonerfindungen. Dafür muss die Bell Telephone Company 17 Jahre lang 20 Prozent ihrer Leiheinkünfte an die Western Union abtreten.

Dieser Prozess sollte für die Bell Telephone Company ein kleiner Vorgeschmack darauf sein, was sie in den nächsten Jahren und Jahrzehnten noch erwartet. Sie muss über 600 Rechtstreitigkeiten durchfechten, sei es wegen Patentverletzungen oder weil Bells Status als Erfinder des Telefons bestritten wird. Trotz dieser Prozessflut verliert die Bell Telephone Company nicht ein Gerichtsverfahren.

Bell kann seinen Erfolg nur eingeschränkt genießen. »Ich

kann es nicht ertragen zu hören, dass sogar meine Freunde glauben sollen, ich sei über eine Erfindung gestolpert und in mir sei sonst nichts Gutes«, schreibt er seiner Frau. 1879 verlässt er das Direktorium der Bell Telephone Company. Sein Freund Watson folgt ihm und verkauft ebenfalls alle seine Anteile. Für die beiden Erfinder ist das Kapitel Telefon abgeschlossen. Sie haben das Gerät erfunden. Sollen andere es vermarkten.

Watson steigt in der Folgezeit zu einem der größten Schiffskonstrukteure der USA auf, bevor er sich mit Erfolg als Schauspieler und Autor dem Theater zuwendet.

Der Siegeszug des Telefons ist nicht mehr aufzuhalten. Umfasst das erste Telefonbuch der Geschichte aus New Haven, Connecticut, im Jahre 1878 erst 50 Namen, so sind um 1900 in den USA schon mehr als 1,4 Millionen Telefone in Betrieb.

Viele Verbesserungen, an denen Bell nicht mehr beteiligt ist, machen aus dem Telefon ein allgegenwärtiges Kommunikationsmittel. Vor allem die Einführung von Vermittlern ist ein großer Durchbruch. Bis dahin müssen zwischen Telefonen immer direkte Kabelverbindungen bestehen, was mit der Zunahme der Anschlüsse nicht mehr zu bewältigen ist. Schon ab Januar 1878 wird von jedem Telefon ein Draht zu einer Schaltstelle gezogen, bei der die verschiedenen Anschlüsse per Hand miteinander verbunden werden.

Almon B. Strowger erfindet schließlich 1889 ein System, bei dem durch eine Wählscheibe am Telefon die Vermittlung überflüssig gemacht wird. Jetzt ist es möglich, den Gesprächspartner selbst anzuwählen. Schon vorher, ab 1884, konnte man problemlos zwischen New York und Boston telefonieren. Aber erst im Jahre 1915 sind Ost- und Westküste per Telefonleitung verbunden. Kein Geringerer als Alexander Graham Bell sitzt am 25. Januar des Jahres in New York bei diesem ersten transkontinentalen Telefongespräch am Hörer und telefoniert mit seinem früheren Partner Thomas Watson in San Francisco.

Auch wenn sich Bell öffentlich von seiner genialen Erfindung abwendet, verfolgt ihn das Telefon den Rest seines Lebens. Als er zum Beispiel einmal in einem Zug sitzt, der aufgrund einer Panne liegen bleibt, fragt ihn der Schaffner, ob er nicht ein Telefon habe, mit dem er die nächste Eisenbahnstation erreichen könne. Bell ist nicht sicher, ob er sich über die Anfrage ärgern oder einfach über den Mann lachen soll, der anscheinend sein Telefonsystem überhaupt nicht verstanden hat.

Bell zieht sich nach dem gewonnen Patentstreit gegen die Western Union an die Atlantikküste auf den kanadischen Landsitz Beinn Bhreagh (»schöner Berg«) bei Baddeck zurück. Inzwischen 32 Jahre alt, gründet er die »Alexander Graham Bell Association for the Deaf and Hard of Hearing«, die Alexander Graham Bell Gesellschaft für Taube und Schwerhörige. Wie zu Beginn seiner Karriere unterrichtet er gehörlose Kinder.

Und er beschäftigt sich weiter mit Erfindungen. Nicht immer mit dem gewünschten Erfolg. Bereits seit 1880 hat er die Vision des schnurlosen Telefons, das mit Lichtwellen arbeitet. Mit dieser Idee des »Photophones« ist er seiner Zeit weit voraus und wird verlacht. Bell ist der Erste in Kanada, der sich röntgen lässt. Er verbessert Edisons Phonographen, während dieser Bells Telefon verbessert.

Als der amerikanische Präsident James Garfield bei einem Attentat angeschossen wird, entwickelt Bell innerhalb kürzester Zeit einen Metalldetektor, mit dem die Ärzte das nicht auffindbare Projektil im Körper des Präsidenten orten sollen. Es gelingt jedoch nicht. Der Präsident stirbt.

Auch ist Bell maßgeblich an der Entwicklung der Luftfahrt zu Beginn des 20. Jahrhunderts beteiligt. Seine Versuche mit großen Drachenkonstruktionen führen zwar zu keinem Erfolg, aber

Lesegerät für Gehörlose

Ein abgeschlossenes Pilotprojekt in Kooperation von IBM und dem Bell Institute an der Cape Breton University unweit von Beinn Bhreagh könnte Bells letzten, unvollendeten Lebenstraum wahr werden lassen.

Die Wissenschaftler haben kleine Handgeräte konstruiert, die gesprochene Sprache in Realzeit auf ihr Display zaubern. Als ein Objekt für die Erprobung gesucht wurde, verständigte man sich schnell auf einen Ort, der passender nicht hätte sein können: das Bell Museum in Baddeck, in Sichtweite von Bells Grab und letztem Landsitz.

Bei Führungen wurden an Taubstumme die kleinen Empfangsgeräte ausgeteilt, die Erklärungen der Kuratoren wie bei einem Telefon durch ein Mikrofon auffangen und via Funkwellen an diese Empfangs-

die von ihm mitgegründete »Aerial Experiment Association« avanciert neben den Brüdern Wright zum bedeutendsten amerikanischen Zentrum der frühen Flugzeugentwicklung. Die wichtigsten Errungenschaften dieser Gruppe sind Querruder und Fahrgestell. Und Bell lässt Tragflächenboote bauen, die auf der Bucht vor seinem Landsitz mit 110 Stundenkilometern über das Wasser rasen. Es sind die schnellsten Wasserfahrzeuge seiner Zeit.

Aber trotz der erfolgreichen Forschung auf so vielen Gebieten ist Bell an seinem Lebensabend enttäuscht, kein Gerät erfunden zu haben, das Taubstummen wirklich beim Kommunizieren hilft. Am 2. August 1922 stirbt Alexander Graham Bell im Alter von 75 Jahren in Beinn Bhreagh, wo er auch beigesetzt wird.

Wenn es um den Titel des Telefonerfinders geht, steht Bell nicht unangefochten auf dem Siegertreppchen. Seit seinem ersten Patentprozess ist die Frage nicht verstummt, ob Bell wirklich das Telefon erfunden hat. Ein halbes Dutzend weitere Namen werden in den Ring geworfen, die zweifellos alle ihren Beitrag zur Erfindung und zum Durchbruch des Telefons geleistet haben.

Der Deutsche Philipp Reis hatte 1860/61 einen Telefonvorläufer entwickelt, bei dem es jedoch fragwürdig ist, inwieweit er sich für die Sprachübertragung eignete. Aber immerhin hatte er einen funktionierenden Sender, also ein »halbes Telefon«. Der Durchbruch gelang ihm damit nicht – ebenso wie Antonio

geräte übertragen. Taubstumme konnten simultan die Sprache von ihren Displays ablesen, sogar die gewünschte Sprache wählen.
Was sich wie ein einfaches Übersetzungsprogramm anhört, ist ein technisch ambitioniertes Unterfangen. Das System musste im ganzen Museum funktionieren, musste die unterschiedlichen Stimmen der Kuratoren berücksichtigen und diese aus der Geräuschkulisse des Museumsbetriebs herausfiltern.
Das Pilotprojekt wurde nach einem Jahr aufgrund dieser Schwierigkeiten eingestellt. An einem verbesserten System wird zur Zeit gearbeitet.
Ein vielversprechender Weg, Taubstummen mithilfe der Telekommunikation zu helfen.

Bell und Familie vor seinem Sommerhaus

Spätere Erfindungen von A. G. Bell: Drachenkonstruktion …

… und ein Tragflächenbo

Meucci, dem italienischstämmigen Amerikaner, der immer wieder als der erste Erfinder angeführt wird. Zumindest ließ er sich 1871 die Idee eines Telefons schützen. Ob sein »teletrofono« wirklich funktioniert hat, bleibt ebenfalls umstritten.

Von mancher Seite wird auch der Vorwurf erhoben, Bell habe Meuccis Idee kopiert. Eine Anschuldigung, die auf Bells unglückselige Vorführung seiner Vielfachtelegrafie in den Büros der Western Union zurückgeht. Meucci hatte sein Telefon in das Hauptquartier der Western Union Telegraph Company nach New York geschickt, wo es genau in den Räumen aufbewahrt wurde, in denen Bell seine Maschine zeigte. Theoretisch hätte Bell Zugriff auf die Apparatur des Italieners gehabt. Aber ob er dafür wirklich Zeit und Gelegenheit gehabt hätte? Tatsache ist nur, dass Bells erste Geräuschübertragung wenige Tage nach der Demonstration seines Apparates bei der Western Union stattfand.

In seinen späteren Patentprozessen musste Bell detailliert seinen Weg zum Telefon darlegen. In Briefen, die auf das Jahr 1874 datiert sind, spricht er schon von der Idee der Sprachübermittlung. Folgt man immer noch den Meucci-Anhängern, würde das bedeuten, Bell hätte eine groß angelegte Täuschungsaktion mit unzähligen rückdatierten Briefen und Notizbüchern aufgebaut. Weder Bells Charakter noch sein Handeln bis zu seinem Tod lassen so etwas vermuten.

Erst 1886, also sieben Jahre nach dem ersten Aufsehen erregenden Prozess, klagte Meucci gegen Bell. Eine Klage, die sich über Jahre hinzog, ohne zu einer Entscheidung zu führen, und die durch Meuccis Tod im Jahre 1889 nicht weiter verfolgt wurde.

Am 11.Juni 2002 wurde die Resolution 269 des US-Repräsentantenhauses verabschiedet, die sich eingehend mit Antonio

Meucci und seiner Erfindung des Telefons beschäftigte. Darin werden Meuccis Verdienste in der Entwicklung des Telefons gewürdigt: »... to honor the life and achievements of the 19th Century Italian-American inventor Antonio Meucci, and his work in the invention of the telephone« (»... um das Leben und die Leistung des im 19. Jahrhundert geborenen Italo-Amerikaners Antonio Meucci zu ehren, und seine Arbeit bei der Erfindung des Telefons«), ohne ihn aber mit dieser vagen Formulierung explizit zum Erfinder des Telefons auszurufen. Bei allen Hypothesen und Mutmaßungen über die Erfindung des Telefons bleibt jedoch unbestreitbar: Bell hat als Erster ein Patent auf ein Telefongerät erhalten. Und er hat dieser revolutionären Technik zum Durchbruch verholfen. Alexander Graham Bell ist der wahre »Vater des Telefons«.

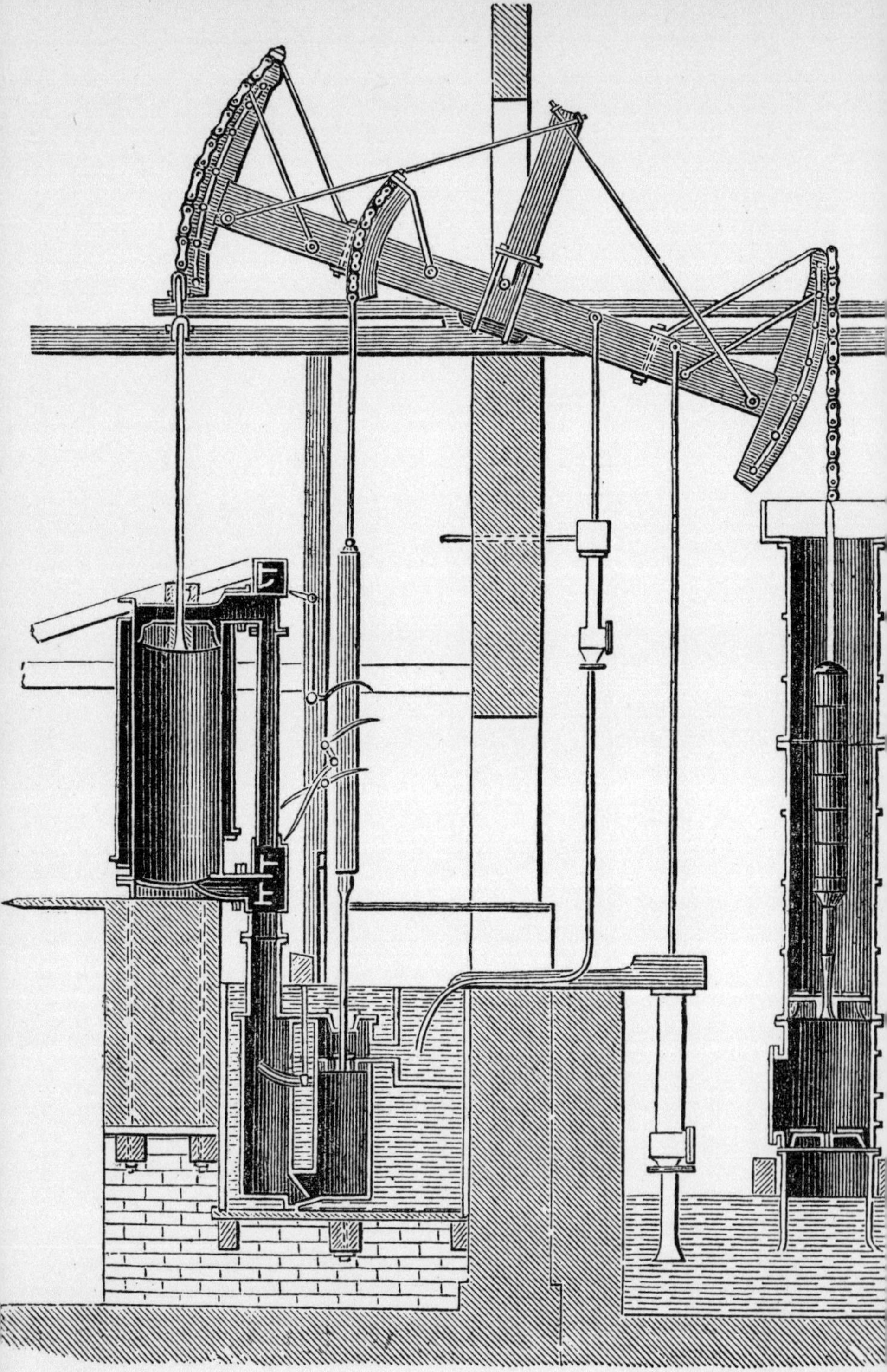

Achim Scheunert

SIEG DER FEUERMASCHINE

James Watt steht vor den Scherben seines bisherigen Lebens. Eine Odyssee liegt hinter ihm, eine lange Reihe schwerster Rückschläge hat er ertragen müssen. Alles, was ihm lieb und teuer war, hat er verloren. Das einzige Kapital, das ihm jetzt noch geblieben ist, trägt er in seinem Kopf. Es ist eine sensationelle Erfindung, die seit zehn Jahren darauf wartet, von ihm gebaut zu werden. Dafür hat James Watt alles riskiert und verloren. Vor wenigen Monaten dann hat er seiner schottischen Heimatstadt Glasgow verbittert den Rücken gekehrt, ist aus der vertrauten Metropole mehr geflohen als abgereist. Im Frühjahr des Jahres 1775 ist James Watt im englischen Birmingham. Hier hofft er auf einen Neuanfang.

Ein Vierspänner rollt zügig über die breite Vorfahrt des feudalen Anwesens Soho House. Am nächtlichen Himmel steht ein silbern schimmernder Vollmond und erleuchtet spärlich die Umrisse des altehrwürdigen Gebäudes. Nur ein Fahrgast sitzt im Fond der edlen Kutsche, die der Hausherr geschickt hat. Sein Name ist James Watt. Je näher er dem prächtigen Eingangsportal kommt, desto nervöser wird er. Er hat beschlossen, nicht länger Spielball seines Schicksals zu sein, will in Zukunft das Steuer fest in die eigenen Hände nehmen. Schließlich steht die Verwirklichung seiner großen Idee, die ihm längst zum Lebensinhalt geworden ist, auf dem Spiel. Diese Idee, da ist sich James Watt sicher, hat das Potenzial, seine Zukunft, ja sogar die Zukunft Großbritanniens, vielleicht sogar der ganzen Welt zu verändern. Doch in der Vergangenheit hat er auf schmerzliche Weise lernen müssen, dass er seinen Lebenstraum ohne fremde Hilfe nicht verwirklichen kann.

Seine Erfindung ist eine Maschine, angetrieben von einer geradezu magischen Kraft. Watt nennt sie voller Überzeugung die »perfekte Maschine«. Heute Abend wird er auf die Mitglieder

Mitglieder der Lunar Society

Soho House in Birmingham

James Watt (1736–1819)

der angesehenen Lunar Society, der sogenannten Mondgesellschaft, treffen. Die Männer, die zu den wichtigsten Wissenschaftlern, Ingenieuren, Geschäftsleuten und Denkern Großbritanniens zählen, finden sich einmal im Monat zusammen. Man tauscht Ideen aus, diskutiert leidenschaftlich, und wenn es darauf ankommt, dann schützt man gegenseitig seine Interessen. Wenn Watt diese Männer von seiner Erfindung überzeugen kann, dann hat er die mächtigen Partner, die ihm bisher gefehlt haben. Bei den exklusiven Treffen, zu denen Fremde nur auf Einladung eines Mitgliedes Einlass finden, sind häufig angesehene Persönlichkeiten zugegen, so wie Erasmus Darwin, Großvater des späteren Evolutionsforschers Charles Darwin, oder sogar der Staatsmann und Universalgelehrte Benjamin Franklin, der zwölf Jahre später zu den Gründungsvätern der Vereinigten Staaten gehören wird. Nach beendeter Versammlung machen sich die erlauchten Geister, oft erst zur späten Nachstunde, im Schein des Monds auf den Heimweg. Eine andere Beleuchtung für die dunklen Straßen gibt es nicht.

Der große Salon von Soho House ist auch an diesem Abend edel von einem prächtigen Kronleuchter illuminiert. Ein knappes Dutzend Gentlemen, teils in angeregter Unterhaltung, teils mit wissenschaftlichen Apparaten beschäftigt, raucht, trinkt und diskutiert, angeführt von Matthew Boulton. Er ist heute, wie schon so häufig, der Gastgeber des elitären Kreises.

Und Matthew Boulton hat einen Überraschungsgast angekündigt, ein neues Mitglied, wie er die Runde wissen lässt. In freudiger Erwartung sieht die Lunar Society dem Auftritt des Schotten James Watt entgegen. Dieser nimmt all seinen Mut zusammen, möchte selbstsicher erscheinen und überzeugend sein. Denn Boulton wird bestimmt über seine verheißungsvolle Erfindung diskutieren wollen. Für James Watt, den einfachen Instrumentenbauer aus Glasgow, ist die Einladung eine Ehre von allerhöchstem Rang. Doch ein Vergnügen ist es nicht. James Watt ist ein zurückhaltender, introvertierter Mann. Er verbringt seine Zeit lieber in einer stickigen Werkstatt als in feinen Salons. Viele Worte liegen ihm nicht, große Gesellschaften sind schon gar nicht seine Sache. Aber er muss jetzt seine Chance ergreifen, da sie sich ihm bietet. Er wird sich zusammenreißen und für seine Erfindung werben, er braucht den Erfolg dringender denn je. Mit 39 Jahren ist er nicht mehr der Jüngste. Es ist an der Zeit, auf der Sonnenseite des Lebens anzukommen, ein neues, ruhmvolles Kapitel aufzuschlagen, bevor es zu spät ist – für ihn, den einfachen Mann aus Schottland, der es in seinem bisherigen Leben noch nicht geschafft hat, über seine Heimatstadt Glasgow hinaus auf sich aufmerksam zu machen.

Jetzt, so hofft James Watt, könnte sich sein Schicksal doch noch erfüllen und sein großer Traum von der Verwirklichung seiner Erfindung endlich wahr werden. Hinter ihm liegt ein wechselvoller Lebensweg, der ihn an diesem Abend bis nach Birmingham in den Zirkel um Matthew Boulton geführt hat. Vor fast 40 Jahren, an einem kalten Wintertag, hatte dieser Lebensweg an der Ostküste Schottlands seinen Anfang genommen.

Am 19. Januar des Jahres 1736 wird James Watt in der kleinen Hafenstadt Greenock geboren, 25 Meilen entfernt von Glasgow, dem wirtschaftlichen und geistigen Zentrum Schottlands. Seine Mutter hatte bereits mehrere Kinder kurz nach der Geburt verloren. Und auch James kommt als eher kränkelndes Kind zur Welt, ist in den ersten Jahren oft schwach oder von Kopfschmerzen geplagt. Die besorgte Mutter nimmt sich viel Zeit für ihren Sohn, lässt ihn kaum aus den Augen, kümmert sich Tag und Nacht. So entsteht ein besonders inniges Verhältnis zwischen ihm und der Mutter.

Der Vater ist in dieser Zeit viel beschäftigt. Die Familie ist zwar nicht unbedingt reich, doch sehr angesehen. James Watt senior hat von seinem Vater eine Werkstatt übernommen, in der Schiffe repariert und auch Navigationsinstrumente wie Kompasse und Quadranten gebaut werden. Als der ersehnte Sohn geboren wird, laufen die Geschäfte gut, Laden und Reparaturwerkstatt werfen ausreichend Gewinne ab, um der Familie ein ordentliches Auskommen zu bieten. Auch ein eigenes kleines Schiff unterhält der Vater, mit dem er in den Küstengewässern

Waren transportiert. Für James, inzwischen zum Knaben herangewachsen, ist der Laden ein aufregendes Revier, aber noch mehr hat es ihm die Werkstatt angetan. Hier sägen, hämmern und feilen zeitweise nicht weniger als 14 Arbeiter in Diensten des Vaters. Schon früh nimmt der Junge selbst Hobel und Raspel in die Hand. Er sei mit einem außergewöhnlichen Talent gesegnet, meinen nicht nur die Mitarbeiter, auch der Vater staunt über die ganz besonderen Fähigkeiten seines Sohnes. Stundenlang kann der sich in der Werkstatt damit beschäftigen, einfache Apparate auseinanderzunehmen und zu verbessern, um sie anschließend wieder zusammenzusetzen. Unschätzbar wertvoll sind diese Fähigkeiten, die James sich schon so früh aneignet. Seine handwerklichen Erfahrungen bilden in Zukunft eine wichtige Grundlage für seine eigene Existenz.

Die Schule aber ist dem kleinen Jungen vorerst ein Graus. Lieber hört er der Mutter zu, die ihm stundenlang aus Büchern der kleinen Hausbibliothek vorliest. Die Mutter ist eine geborene Muirhead, ein uraltes, stolzes schottisches Geschlecht, das ins 12. Jahrhundert zurückdatiert. Sie unterhält familiäre Beziehungen bis in die angesehene Universität von Glasgow, ein Umstand, der ihrem Sohn später noch zugutekommen wird. Um die Ausbildung seines Sohnes nicht nur in der Werkstatt ist auch der Vater bemüht. Sobald er Zeit hat, übt er mit ihm die Grundlagen von Schreiben und Rechnen. Das Interesse des handwerklich geschickten Jungen an der für ihn praxisfernen Schule erwacht dann auch im Nu, als die Lehren Isaac Newtons auf dem Stundenplan stehen. Die Berührung mit den Grundlagen der Physik macht aus James auf einmal einen wissbegierigen Schüler. Er ist völlig fasziniert von der Vorstellung, Phänomene der Natur mathematisch genau durchdenken und erklären zu können. Er tauscht die geliebte Werkstatt gegen das karge Klassenzimmer ein, dem strengen Lehrer lauscht er plötzlich lieber als der Mutter, ja er plagt sich sogar mit Latein und Griechisch herum, um sich mit den Klassikern der Wissenschaften intensiv beschäftigen zu können.

Der Vater, selbst ein einfacher Handwerker geblieben, sieht für den gelehrigen Sohn ein Studium an der Universität vor, Eintrittskarte in die höhere Gesellschaft und beste Voraussetzung für eine glanzvolle Karriere als Wissenschaftler oder in Diensten des Adels. Der Lebensweg scheint vorgezeichnet.

Doch es sollte alles anders kommen. James ist gerade 17 Jahre alt und steht unmittelbar vor der Aufnahme in die Universität, da holt ihn das Schicksal ein. Im Laufe des Jahres 1753 läuft das väterliche Geschäft unerwartet von Tag zu Tag schlechter, Aufträge bleiben aus. Dann erleidet die Familie einen schweren Schlag: Die geliebte und verehrte Mutter stirbt plötzlich. Ein tiefer Einschnitt für James, der sich seiner Mutter immer so verbunden gefühlt hat.

Damit nicht genug, wartet auf die trauernde Familie gleich das nächste Unglück. Der Vater verliert in einem verheerenden Sturm seinen mühsam erworbenen, kleinen Frachtsegler und mit ihm die Ladung, für die er jetzt geradestehen muss. Über Nacht ist die Familie ruiniert. James' Elternhaus, für ihn immer ein Ort von Geborgenheit und Schutz, jetzt muss er es verlassen. Das geplante Studium kann der Vater nicht mehr bezahlen. So ist James, dem Kindesalter kaum entwachsen, gezwungen, früh auf eigenen Beinen zu stehen.

Der Vater rät ihm, Kaufmann zu werden. Mit seinem Talent für Zahlen werde er sicherlich eine gute Anstellung finden. Er selbst entscheidet sich jedoch anders. Wenn es schon nicht die Wissenschaft sein soll, dann doch lieber Instrumentenbauer als Kaufmann, wie schon Vater und Großvater. Darin sieht er eine gesicherte Zukunft, und darin kennt er sich aus, seit den Tagen, als er sein handwerkliches Talent in der väterlichen Werkstatt ausgebildet hat. Und Feinmechaniker genießen einen glänzenden Ruf unter den Seeleuten.

Mit dem aufkommenden Überseehandel werden besonders Zucker und Tabak aus den amerikanischen Kolonien angelandet und machen einige Glasgower zu reichen Bürgern. Das maritime Geschäftsleben floriert, und die Flotte braucht dringend gute nautische Gerätschaften. Die will James Watt bauen und verkaufen. Er beschließt also, sein Glück in Glasgow zu suchen und sich in der aufstrebenden Metropole zum soliden Handwerker ausbilden zu lassen.

Ein Jahr verbringt James Watt dort bei einem Lehrmeister, saugt begierig das Wissen über die Handwerkskunst in sich auf, dann rät man dem jungen Gesellen, weiterzuziehen. Gerade einmal 19 Jahre alt, macht er sich auf eine abenteuerliche Reise nach London, in die Weltstadt an der Themse, ein globaler Handelsplatz und Moloch zugleich.

Nach zwölftägigem, beschwerlichem Ritt kommt Watt in der Fremde an. Kein Verwandter lebt hier, den er um Hilfe oder nur

Glasgow zur Zeit James Watts

Die Universität von Glasgow

Geburtshaus Watts

ein Dach über dem Kopf bitten könnte, kein Freund weit und breit. Trotzdem gelingt es ihm nach Umwegen, eine Lehrstelle bei einem im ganzen Land für sein Können bewunderten Hersteller von feinsten wissenschaftlichen Apparaturen zu bekommen, genau die richtige Adresse für den lernbegierigen jungen Mann. Lehrgeld gibt es allerdings keines, im Gegenteil, seine Ausbildung muss er selbst bezahlen. Der Vater springt für die Kosten ein, mehr kann er aber nicht tun. Für seinen Unterhalt muss Watt selbst sorgen. Er nimmt kleinere Aufträge an, die er, oft übermüdet, in den Abendstunden erledigt. Er spart sich den letzten Schilling vom Munde ab, gönnt sich nicht einmal das kleinste Vergnügen und friert sich durch den erbärmlich kalten Londoner Winter.

Ein Jahr hält er unter größten Entbehrungen durch, dann ist er am Ende seiner Kräfte, nur noch ein Schatten seiner selbst. Der Vater, der geschäftlich allmählich wieder auf die Beine kommt, ist durch die immer seltener eintreffenden Nachrichten alarmiert. Schließlich holt er den Jungen aus London zurück ins heimatliche Greenock. Für Monate pflegt er ihn, bis er wieder zu Kräften kommt.

Watt ist froh, wieder im heimischen Schottland zu sein. Doch die entbehrungsreiche Zeit im fernen London, darin ist er sich mit seinem Vater einig, hat sich gelohnt. Dank der Ausbildung bei dem berühmten Londoner Instrumentenbauer verfügt Watt inzwischen über ein profundes Spezialwissen, ist den ansässigen Handwerkern, die von allem Möglichen immer nur ein bisschen wissen, weit überlegen. Und es spricht sich herum, nicht nur in Greenock, sondern sogar bis nach Glasgow, dass aus dem jungen Mann ein hervorragend ausgebildeter Instrumentenbauer geworden ist. Er selbst sieht für sich beste Chancen bei der Suche nach Arbeit, hegt dann auch den Plan, sich mit einer eigenen Werkstatt zur Herstellung und Pflege mathematischer und nautischer Instrumente eine Existenz aufzubauen.

Doch diesem Ziel steht ein großes Hindernis entgegen. Will er eine Werkstatt eröffnen, unterliegt er den strengen Regeln der Handwerkerzunft, und die schreiben sieben Lehrjahre vor, die er aber nicht absolviert hat. Wenn er schon keine eigene Werkstatt gründen darf, um Apparate und Messinstrumente zu bauen und zu verkaufen, dann braucht er zumindest einen Platz zum Arbeiten, um sein Können weiter zu verfeinern.

In Glasgow findet Watt eine kleine, heruntergekommene Werkstatt, die er mieten will. Aber die Zunft ist gnadenlos. Wieder schickt man den allmählich Verzweifelnden fort. Sollte das Lehrjahr in London etwa völlig umsonst gewesen sein? Rettung könnte einzig die Universität von Glasgow versprechen, uralt und traditionsreich, dabei offen für neue Ideen der Wissenschaft und ein Ort von intellektueller Frische. Führende Persönlichkeiten und Gelehrte der schottischen Aufklärung, wie zum Beispiel der bekannte Nationalökonom Adam Smith, sind hier zu Hause. Man ist dort immer auf der Suche nach klugen Köpfen, weiß Watt. Schließlich ist er exquisit ausgebildet wie kaum ein zweiter Instrumentenbauer in ganz Schottland. Außerdem ist er kein Unbekannter, sondern der Sohn von Agnes Watt, einer geborenen Muirhead.

Und tatsächlich, an der Universität hört ein Professor von seinen Schwierigkeiten. Er bittet den jungen Mann zu sich und gewährt ihm die Möglichkeit, sein Können unter Beweis zu stellen. Als dann ein in der Karibik lebender, reicher Schotte aus Glasgow der Universität eine Reihe von besonderen Instrumenten, darunter Fernrohre zur Himmelsbeobachtung und Sextanten, spendet, bekommt Watt gleich seine erste große Aufgabe. Er soll die Kostbarkeiten, die vom Salzwasser während des Transports über Tausende von Seemeilen arg in Mitleidenschaft gezogen worden sind, wieder auf Vordermann bringen. Er erhält auf dem Universitätscampus auch eine kleine Kammer, nicht größer als neun Quadratmeter, aber für den Glücklichen groß genug, um darin eine kleine Werkstatt einzurichten.

Hier, auf dem Gelände der Universität, hat die Handwerkszunft nichts zu sagen, denn der Papst persönlich hatte schon im Jahr 1451 festgelegt, dass die Universität innerhalb ihrer Mauern über uneingeschränkte Souveränität verfügt. Dankbar stürzt sich Watt sofort in die Arbeit. Die Professoren sind vom exzellenten

Ergebnis überzeugt und honorieren die Leistung mit fünf Pfund Lohn, einer stattlichen Summe in dieser Zeit. Auch das Angebot, dauerhaft im Dienste der Universität tätig zu sein und sich als Instrumentenmacher um die wertvolle Sammlung wissenschaftlicher Apparate und Vorführobjekte zu kümmern, nimmt Watt überglücklich an. Bald darauf bekommt er sogar einen Raum mit separatem Zugang zur Straße. Dort kann er Apparate ausstellen und verkaufen. In einer guten Woche schafft es Watt, drei für die Navigation so wichtige Quadranten, also astronomische Geräte zur Berechnung der Position von Gestirnen, herzustellen. Er schickt sie seinem Vater, da er weiß, dass seine hochwertigen Instrumente bei der Kundschaft sehr beliebt sind.

Die Studenten an der Universität Glasgow, alle Söhne reicher Eltern, zahlen hohe Studiengebühren und erwarten dafür anschaulichen und abwechslungsreichen Unterricht. Dazu braucht die Universität Apparate und Instrumente. Die sind von nun an in Watts Obhut. Watt ist selig. Fast ist es so, als habe das Schicksal ihn doch noch zum Studenten gemacht. Schon bald erkennen die Professoren den genialen Geist in Watt, suchen ihn immer

Die atmosphärische Dampfmaschine

Schon 1654 kann Otto von Guericke, Magdeburger Politiker, Wissenschaftler und Erfinder, in eindrucksvollen Vorführungen zeigen, dass die Atmosphäre, jener scheinbar leere Raum, ein großes Gewicht hat, also Druck ausübt auf alles, was sie umgibt. In dem berühmten Versuch von 1657 schaffen es acht Pferde auf jeder Seite nicht, eine aus zwei Hälften zusammengesetzte Kugel auseinanderzuziehen, aus der zuvor die Luft herausgepumpt worden ist. Es ist der Druck der umgebenden Atmosphäre, der die beiden Halbkugeln zusammenpresst. Denn wieder mit Luft gefüllt, zerlegt sich die Kugel von alleine.
Doch wie könnte man diese ungeheure Kraft des atmosphärischen Luftdrucks effektiv nutzen? Ein Schmied und Eisenhändler aus Dartmouth in Südengland, Thomas Newcomen, liefert die Antwort. 1712 stellt er seine atmosphärische Dampfmaschine vor. Seit vielen Jahren hat er mit finanzkräftiger Unterstützung des Earl of Dudley an seiner Apparatur gearbeitet. Er setzt sie 1712 in der Kohlegrube des Earl ein. Seine Dampfmaschine treibt eine Pumpe an, die Grubenwasser an die Oberfläche drückt.

öfter auf, um über naturwissenschaftliche Fragestellungen zu diskutieren. Sie betrachten ihn, den bescheidenen Handwerker, gleichsam als ebenbürtigen und anregenden Gesprächspartner.

Aber soll das, so fragt sich Watt nach ein paar Jahren, wirklich schon alles gewesen sein? Dieses tägliche Einerlei?

Es ist im Winter 1763, als ein Professor Watts kleine Kammer betritt und einen Spezialauftrag ankündigt. Kurze Zeit später stellen Assistenten eine seltsame Apparatur auf seine Werkbank. Es ist das Modell einer atmosphärischen Dampfmaschine. Studenten bekommen daran das Wirkprinzip der Dampfkraft erklärt. Jetzt soll Watt das defekte Anschauungsstück möglichst schnell reparieren. Ein Londoner Instrumentenbauer hat sich bereits daran erfolglos abgemüht. Sofort ist die Neugierde des jungen Mannes entfacht, er ist fasziniert von dem spielzeughaft wirkenden Objekt. Gleich macht er sich an die Arbeit, nimmt sich den kleinen Dampfzylinder vor, gerade einmal fünf Zentimeter im Durchmesser und 15 Zentimeter hoch. Er reinigt Ventile, prüft alle Teile und heizt dann mit ein paar glühenden Kohlen die Feuerung unter dem Miniatur-Dampfboiler an.

Aufbau und Funktionsprinzip der Maschine sind einfach. In einen mächtigen Eisenzylinder wird Wasserdampf eingeleitet. Dieser wird im Zylinder, der oben durch einen beweglichen Kolben verschlossen ist, mit einem Strahl kalten Wassers abgekühlt. Der Wasserdampf kondensiert, dabei wird aufgrund seines stark verringerten Volumens ein Vakuum bzw. Unterdruck erzeugt. Der äußere Atmosphärendruck schiebt den Kolben in den Zylinder, eine Kraftbewegung entsteht. Ein Gegengewicht, am anderen Ende des Balanciers angebracht, zieht anschließend den Kolben wieder in die Ausgangsposition. Dampf wird erneut in den Zylinder eingeleitet, der Ablauf beginnt von vorn. Ein großer Nachteil der Newcomen-Dampfmaschine ist ihr geringer Wirkungsgrad. Riesige Mengen an Energie, gespeichert in der Kohle, sind erforderlich, um den Wasserdampf zu erzeugen. Es wird fast so viel Kohle verbraucht, wie aus der Grube gefördert wird. Trotzdem bleibt das Prinzip der atmosphärischen Dampfmaschine eine technische Sensation.

Watt in seiner Werkstatt in Glasgow

Watts Werkstatt mit Modell einer atmosphärischen Dampfmaschine

Tatsächlich setzt sich der Kolben im Zylinder in Bewegung, langsam hebt und senkt sich durch den Hub der Querbalken, der sogenannte Balancier. Dann aber steht die kleine Maschine auch schon wieder still. Was stimmt nicht mit der Apparatur? Watt behebt ein paar augenscheinliche Schäden, erneuert die winzigen Dampfrohre. Trotzdem bleibt der Balancier schon nach wenigen Hüben wieder stehen. Der Dampfboiler der Maschine, so berechnet Watt, ist eigentlich ausreichend groß, um den Zylinder mit Dampf zu versorgen. Aber der Dampfverbrauch des Modells scheint viel zu hoch zu sein.

An dieser Stelle entmutigt aufzugeben, wenn das Rätsel nicht zu lösen zu sein scheint, entspricht jedoch nicht Watts Charakter. Ein Freund, Professor Robison von der Universität Glasgow, sagt über James Watt, jedes Hindernis sei für ihn der Anfang einer neuen und ernsthaften wissenschaftlichen Untersuchung. Watt werde nicht aufhören, bevor er entweder deren Wertlosigkeit festgestellt oder etwas daraus gemacht habe.

Und dieses defekte Modell einer Dampfmaschine stachelt Watts Ehrgeiz vollends an. Als Erstes will er herausfinden, was genau in ihrem Innern abläuft, nach welchem Prinzip der Kolben im Zylinder arbeitet. In der Universitätsbibliothek sucht und entdeckt er eine Antwort: Die Kraft der atmosphärischen Dampfmaschine basiert auf einfachen Naturgesetzen.

Watt ist fasziniert von der ungeahnten Kraft, die in dem flüchtigen Medium Wasserdampf steckt. Sein Erfindergeist ist geweckt. Endlich hat er die große Aufgabe, auf die er schon so lange gewartet hat. Schnell findet Watt die grundlegenden Fehler der Konstruktion von Newcomen heraus. Gleichzeitig erkennt er das gewaltige Potenzial des Dampfes. Bisher ist das Einsatzgebiet der Maschine begrenzt. Nur wenige Bergwerke leisten sich das kostspielige Ungetüm, das Unmengen an Kohle verschlingt. Dabei wartet ein riesiger Markt auf eine effektive Dampfmaschine.

In Großbritannien ist der Hunger nach Energie enorm. Eisenprodukte wie etwa Beschläge für Wagenräder, aber auch die stetig wachsende Produktion einfacher Maschinen kurbeln den Bedarf immer schneller an. Um das Erz aus dem Gestein zu schmelzen, lodert eine rasant wachsende Zahl neuer Hochöfen im ganzen Land. Allmählich bilden sich Zentren der Eisenverarbeitung heraus, wie zum Beispiel unweit von Birmingham im Tal des Flusses Severn. Die Hochöfen werden anfangs vor allem mit Holzkohle befeuert, weshalb die einst so riesigen Wälder des Inselreiches rapide schrumpfen. Das Holz landet in Köhlerbetrieben und dann als Holzkohle im Hochofen. Langsam entwickelt sich mit der weiter steigenden Nachfrage nach Brennmaterial der Kohleabbau aus dem Erdreich. Doch schnell stößt man an Grenzen, denn einfach zu erreichende Rohstofflager sind schnell erschöpft. Jetzt fressen sich Bergwerksstollen immer weiter unter die Erde.

Je tiefer aber die Schächte, desto größer die Gefahr von plötzlich einbrechendem Grubenwasser. Pumpen müssen im Dauerbetrieb eingesetzt werden. Sie werden von ewig im Kreis laufenden Pferden angetrieben. Das reicht kräftemäßig kaum aus und ist zu teuer. Die Dampfmaschine von Newcomen verspricht die ideale Neuerung zu sein, pumpt sie doch rund um die Uhr, ohne Pausen zu brauchen. Aber sie verbraucht fast so viel Kohle wie aus der Grube gefördert wird – gelegentlich sogar mehr. Und die Unzuverlässigkeit der groben Mechanik fordert einen hohen Tribut. Bleibt die Dampfmaschine stehen, weil der Dampfboiler schon wieder leer ist oder ein Hebel hakt, dann flutet das Grubenwasser unaufhaltsam durch die Schächte und reißt die unglücklichen Bergleute in den Tod.

Besonders dramatisch ist die Situation in Cornwall im Südwesten Englands. Die Landzunge, umtost von den Wellen des Atlantiks und Ärmelkanals, ist mit ihren reichen Bodenschätzen eine Art Bergbauzentrum. Unter den steil abfallenden Klippen lagern reichlich Kupfer, Zinn und andere Erze. Mutige Männer treiben die Stollen immer tiefer in den Fels, auf der Jagd nach den begehrten Bodenschätzen. Die Landlords und Grubenbesitzer vermehren ihren Reichtum, der sich in prächtigen Villen ausdrückt. Aber bald stößt die Bergbautechnik wegen immer stärker eindringenden Grubenwassers an ihre Grenzen. In mächtigen Maschinenhäusern schnaubt das veraltete Ungetüm von Newcomen und treibt Pumpen an, die viel zu langsam arbeiten. Die Unmengen an Kohle müssen für seine Befeuerung von weit her geschafft werden. Das verschlingt riesige Geldmengen und macht die Gruben unrentabel. Eine Säule des wirtschaftlichen Aufschwungs in England droht einzustürzen.

Der ehrgeizige Watt steht vor der Herausforderung seines Lebens. Er ist darauf versessen, die uneffektive Maschine von Newcomen zu verbessern, ja, er will sogar das technische Prinzip revolutionieren. Ein langer und mühsamer Weg steht ihm bevor.

Erst im Laufe des Jahres 1764 wird ein Exemplar von Newcomens Maschine in der Nähe von Glasgow errichtet werden. Bis dahin forscht Watt verbissen an dem kleinen Modell, studiert Zylinder, Kolben, Ventile, den Boiler, die Feuerung und die Wege des Dampfes. Er liest immer wieder in den wissenschaftlichen Büchern der Universitätsbibliothek, oft bis tief in die Nacht. Er frischt sein eingerostetes Schullatein und Griechisch wieder auf, lernt sogar Deutsch, Italienisch und Französisch, denn er will die Grundlagen der Naturwissenschaften unbedingt im Original lesen.

In dieser Zeit, die von der Suche nach der perfekten Dampfmaschine bestimmt ist, kehrt bei Watt das private Glück ein. Nach langem Werben kann er im Jahr 1764 endlich seine Jugendliebe Margaret Miller, eine entfernte Cousine, heiraten. Sie ist ihm, dem eigenbrötlerischen Träumer, eine liebevolle Stütze, hält die sozialen Kontakte zum Freundes- und Familienkreis lebendig, führt mit resoluter Hand den Haushalt und mit kaufmännischem Sachverstand zum Großteil auch das Geschäft, das Watt inzwischen eröffnet hat.

Denn noch ein Lebenstraum ist in Erfüllung gegangen. Die Universität von Glasgow hat Watt aufgrund seiner hohen Verdienste den Titel eines mathematischen Instrumentenbauers verliehen. Damit unterliegt er nicht mehr den Regeln der Zunft und hat sich selbstständig machen können. Am zentralen Glasgower Salzmarkt hat er ein Haus gemietet mit eigenem Laden und angeschlossener Werkstatt. Er erweitert sein Angebot, stellt her und verkauft, was Matrosen auf See gebrauchen können: von der Schnupftabaksdose bis zum komplizierten nautischen Gerät. Auch hat er über den Umweg eines ungewöhnlichen Auftrages zur Kunst gefunden, Musikinstrumente herzustellen. Von nun an baut er Flöten, Geigen und sogar Orgeln von höchster Qualität. Finanzielle Unterstützung für seine Geschäfte erhält Watt von John Craig, einem wohlhabenden Kaufmann, der an das geniale Talent des jungen Erfinders glaubt und ihm mehrfach große Geldsummen leiht. Davon kauft Watt Waren, von deren Verkauf er sich Gewinne verspricht – ein hohes Risiko, denn sollten die Geschäfte nicht laufen, steht ihm das Wasser bis zum Hals.

Watts wahre Leidenschaft gehört jedoch nach wie vor der Dampfkraft. Jede freie Minute verbringt er mit dem Modell der Dampfmaschine, über Büchern in der Bibliothek der Universität oder mit Grübeln über Probleme, die mit der Dampfkraft zu tun haben. In endlosen Analysen und Untersuchungen hat er die Maschine, ihre Komponenten, den notwendigen Einsatz von Energie und deren Umwandlung in Diagrammen und Berechnungen festgehalten. Jetzt ahnt er, dass er kurz vor der Lösung steht.

An einem frühlingshaften Sonntag im Jahr 1765 gönnt sich James Watt einen Spaziergang in der Parkanlage Glasgow Green. Seine Gedanken kreisen, wie immer, um seine Dampfmaschine. Für ihn liegt schon seit Längerem auf der Hand, dass eine perfekte Maschine bei den Vorgängen im Zylinder ansetzen muss. Die eiserne Zylinderröhre muss heiß sein, damit der Dampf einströmen kann, ohne dabei abzukühlen. Sobald der Innenraum des Zylinders aber mit heißem Dampf angefüllt ist, muss eine möglichst schnelle Abkühlung erfolgen, um durch das so entstehende Vakuum eine kraftvolle Kolbenbewegung zu erzeugen. Aber wie lassen sich die zwei gegenläufigen Prinzipien ohne Verluste vereinen? Watt steht immer noch vor einem unlösbar scheinenden Rätsel.

Bei der Konstruktion von Newcomen wird einfach kaltes Wasser in den Zylinder gespritzt. Dabei kühlt auch die Eisenwandung des Zylinders ab – ein fataler Nebeneffekt, wie Watt herausgefunden hat. Denn beim nächsten Arbeitstakt, wenn wieder heißer Dampf einströmt, geht ein Großteil der Wärmeenergie einfach verloren, weil auch der Eisenzylinder wieder mit aufgeheizt wird. Deshalb – und da ist sich Watt mittlerweile ganz sicher – ist der Arbeitstakt der Maschine so ungemein träge. Mehr als zwölf Krafthübe in der Minute schafft Newcomens Ungetüm nicht.

Eisenverarbeitende Industrie bei Birmingham

Mine in Cornwall

Newcomens erste Dampfmaschine

Watt ist noch nicht weit in den Park hineingegangen, als er, aus seiner Versunkenheit aufgeschreckt, die lang ersehnte Eingebung hat. Endlich hat er des Rätsels Lösung: Als ein ganz elastischer Körper würde Wasserdampf sofort in ein Vakuum und damit auch in ein entsprechendes Gefäß außerhalb des Zylinders einströmen, wenn zwischen diesem und dem Gefäß eine Verbindung hergestellt wäre. In dem Gefäß könnte der Dampf kondensieren, ohne den Zylinder abzukühlen.

Watt erkennt mit einem Schlage, dass er ganz wegkommen

Turbinenbau heute

Was vor rund 250 Jahren in Watts Werkstatt begann, beschäftigt noch immer Ingenieure auf der ganzen Welt. Nach wie vor sind sie getrieben von der Suche nach der perfekten Dampfmaschine. Heute sind es allerdings Dampfturbinen, die die Dampfkraft ausnutzen. Mit dem wachsenden Hunger nach Energie wachsen auch die Turbinen und ihre Leistung. Der Bau der gigantischsten Turbine der Welt für das gewaltige Kernkraftwerk auf der finnischen Insel Olkiluoto hat die Ingenieure vor neue Herausforderungen gestellt. 320 Tonnen, so viel wie vier Güterlokomotiven, wiegt alleine der Turbinenrotor, der mit 1500 Umdrehungen pro Minute durch das Turbinengehäuse jagt. An den Schaufel-Enden entsteht dann doppelte Schallgeschwindigkeit, die auftretenden Kräfte entsprechen dem Gewicht eines Airbus A380 – an jeder einzelnen Schaufel.

Die Riesenturbine dient zur Stromerzeugung. Im Kraftwerk installiert, wird durch ihre Schaufeln über 300 Grad heißer Wasserdampf strömen und sie in Rotation versetzen. Läuft die Turbine auf Hochtouren, wird die Drehkraft auf mächtige Generatoren übertragen. In Olkiluoto ist es der dritte Reaktorblock, der damit entsteht. Zwei

muss von der Art, wie Newcomens Maschine arbeitet. Innerhalb weniger Minuten sieht er vor seinem geistigen Auge, wie er seine Idee umzusetzen hat und wie alle Teile seiner perfekten Maschine stimmig ineinandergreifen.

Von der plötzlichen Erkenntnis elektrisiert, macht sich Watt sofort auf den Heimweg. Einzig das Gebot der Sonntagsruhe hindert den Erfinder daran, sich gleich an die Arbeit zu machen. Am nächsten Morgen aber steht er in aller Frühe in der Werkstatt. Er will so schnell wie möglich ein Modell bauen, um seine Theorie zu überprüfen. Er improvisiert, verwendet primitivste Mittel. Eine alte Spritze aus Messing wird zum Zylinder mit Kolben, ein einfacher Wasserkessel zum Boiler.

Watts geniale Idee bedeutet nicht nur technisch eine Revolution, sie verspricht auch für die gesamte Wirtschaftswelt von enormem Vorteil zu sein. Ohne die horrenden Energieverluste könnte eine Dampfmaschine basierend auf seiner Vorstellung unvergleichlich rentabler betrieben werden. Viele Grubenbesitzer stehen schon am Rande des Ruins, weil die alte Maschine Unmengen Kohle verschlingt. Jetzt könnte Watts Erfindung die

andere Reaktoren sind schon seit Jahrzehnten in Betrieb. Es ist der erste Neubau eines Kernkraftwerks in Westeuropa seit der Katastrophe von Tschernobyl 1986. Und es ist der bislang größte gebaute Atommeiler. 1600 Megawatt kann die Anlage liefern, die beiden älteren Reaktoren liefern jeweils etwa die Hälfte an elektrischer Energie. Der Aufbau eines Kernkraftwerkes ist ähnlich dem eines herkömmlichen Kraftwerkes, in dem fossile Brennstoffe für Wärmeenergie sorgen. Im Fall eines Atomreaktors wird allerdings Uran 235 als Bennstoff benutzt. Uran-Atomkerne werden kontrolliert gespalten, dabei wird Wärmeenergie freigesetzt, die von Kühlwasser in einem abgetrennten Kühlkreislauf aufgenommen wird. Unter 160 Bar Druck im Kühlkreislauf entstehen Temperaturen von rund 330 Grad. Damit wird Wasserdampf erzeugt, der auf die Turbine geleitet wird. In Olkiluoto werden insgesamt drei hintereinander geschaltete Turbinen arbeiten. Die Kraftanlage, Turbinen und Generatoren haben zusammengenommen eine Länge von insgesamt 70 Metern. Damit ist das neue Kernkraftwerk in Olkiluoto die größte jemals von Menschen gebaute Anlage zur Erzeugung von Energie, die größte Dampfmaschine der Welt.

Rettung sein. Ihr ökonomisches Potenzial ist riesig, die Existenz des Ehepaares Watt wäre finanziell gesichert.

Für Wochen experimentiert Watt wie besessen, baut an einem ausgefeilteren Modell – bis er überzeugt ist: Er hat den Durchbruch geschafft, seine Erfindung der separaten Kondensation von Wasserdampf außerhalb des Zylinders funktioniert. Dem befreundeten Professor Robison verrät er: »Ich habe jetzt eine Maschine hergestellt, die kein einziges Partikel Dampf vergeuden wird.«

Doch James Watt ist nicht der Einzige, der das bisher unausgeschöpfte Potenzial der Dampfkraft erkennt. Ein gewisser John Smeaton, zwölf Jahre älter als Watt, sorgt zeitgleich auf der britischen Insel für Furore. Und Smeaton ist nicht irgendwer. Schon 1755 hat er den Auftrag zum Neubau des zuvor abgebrannten Eddystone-Leuchtturms vor der Küste Cornwalls erhalten. Es ist dies schon der dritte Bau, nachdem die erste Konstruktion von 1698 im Großen Sturm von 1703 komplett vernichtet worden und die zweite abgebrannt war. 1756 beginnt Smeaton mit den Bauarbeiten, setzt auf Stein und wasserfesten Beton und ist erfolgreich. Nach drei Jahren ist der Bau abgeschlossen, und John Smeaton wird schon zu Lebzeiten ein Nationalheld. Mit diesem Erfolg im Rücken beginnt der Maschinenbauingenieur wie Watt, mit der Verbesserung von Newcomens atmosphärischer Dampfmaschine. Auch er hat von der Not der Bergwerksbesitzer gehört und will möglichst schnell eine Lösung anbieten. Ohne dass Watt es bisher weiß, ist Smeaton zu seinem härtesten Konkurrenten geworden. Ein Wettrennen beginnt.

Watt ist von der Verwirklichung seines Lebenstraumes wie besessen, der nun endlich in Reichweite gerückt ist. Möglichst schnell will er einen ersten Prototyp bauen. Doch eine Versuchsmaschine mit gusseisernem Zylinder und mächtigem Holzbalken sowie die dazugehörige Halle, gebaut aus Ziegeln, kosten eine Menge Anstrengung, viel Zeit und vor allem Geld. Mehrere tausend Pfund würden notwendig sein, um die Maschine auf den Markt zu bringen. Aber als Instrumentenbauer mit einem bescheidenen Geschäft fehlen ihm einfach die Finanzmittel. Watt setzt seine ganze Hoffnung auf den Kaufmann John Craig, der ihm schon einmal, bei der Finanzierung des eigenen Ladens, unter die Arme gegriffen hat. Er denkt, ihn leicht von einer großen Investition in seine gewinnträchtige perfekte Dampfmaschine überzeugen zu können.

Doch bevor Watt seinen Gönner darauf ansprechen kann, stirbt dieser völlig überraschend im Dezember 1765. Watt ist erschüttert und entsetzt. Er hat nicht nur einen Freund und finanzkräftigen Partner verloren. Jetzt verlangen die Gläubiger von ihm auch noch die Rückzahlung der Kredite und Geschäftseinlagen. Schulden in der unvorstellbaren Höhe von 757 Pfund türmen sich vor ihm auf. Alles steht plötzlich auf dem Spiel: Watts Existenz, die seiner Frau und auch die seiner genialen Erfindung. Nur die Liebe und Klugheit von Margaret, seiner Frau, helfen ihm, nicht alles aufzugeben und sich eines brachliegenden Potenzials zu besinnen – seiner gesammelten Erfahrungen auf dem Gebiet der Landvermessung. Watt hat gehört, dass für jemanden wie ihn mit Vermessungsarbeiten gutes Geld zu verdienen ist, und genau das braucht er jetzt dringender denn je.

Schon um das Jahr 1765 herum hat Watt, fasziniert von der Möglichkeit, mathematische Formeln auf die reale Welt zu übertragen, und um den Landvermessern ihre Arbeit zu erleichtern, ein optisches Vermessungsgerät entwickelt, basierend auf einem Fernrohr mit einer exakten Entfernungsskala. Wie immer wenn er sich an die Lösung eines Problems oder die Entwicklung einer Erfindung macht, hat er sich auch intensiv mit der Landvermessung und deren Problemen beschäftigt und sich dann daran gemacht, bisherige Vermessungsgeräte zu verbessern. Ganz nebenbei hat ihn diese Arbeit zu einem versierten Vermesser werden lassen. Jetzt, da er in finanziellen Nöten ist, sieht er in dieser Befähigung seine einzige Chance, dem drohenden Bankrott zu entgehen.

Tatsächlich bekommt er dann im Jahr 1767 eine der begehrten Stellen als Landvermesser. Watt soll eine geeignete Kanalroute vermessen, mit der die beiden schottischen Flüsse Forth und Clyde verbunden werden können. So würde endlich eine durchgehende Wasserstraße existieren, die den Handel zwischen Ost- und Westschottland erleichtert. Ganz Großbritannien soll Schritt für Schritt an ein sich spinnennetzartig entwickelndes Kanalsystem angeschlossen werden, vom Süden der Insel bis hoch in den schottischen Norden.

Fortan ist Watt in den heimatlichen Highlands und Ebenen unterwegs und vermisst Kanaltrassen. Durch den Erfolg als Ver-

John Smeaton (1724–1792)

Leuchtturm bei Plymouth

Vermessungsgerät, von Watts entwickelt

messer kann Watt den Lebensunterhalt seiner Familie sichern, nur findet er keine Möglichkeit mehr, an seiner Maschine zu experimentieren. Er beklagt einmal, er hätte nicht mit den Kanalvermessungen begonnen, wenn er sich sicher gewesen wäre, der Dampfmaschine zum Durchbruch zu verhelfen, er könne aber bei der Ungewissheit nicht jede sich ihm bietende Arbeit ablehnen. Dabei drängt die Zeit. Inzwischen hat Watt auch von John Smeatons Bemühungen um die Dampftechnik erfahren.

Doch dann kommt es zu einer entscheidenden Wendung. Ein enger Freund und Vertrauter Watts hatte zwar schon zwei Jahre zuvor den Kontakt zu John Roebuck, einem vermögenden, experimentierfreudigen Unternehmer, vermittelt, und Watt hatte ihm Skizzen geschickt sowie das Prinzip seiner Maschine verdeutlicht. Aber erst jetzt, 1767, macht Roebuck ein Angebot, das Watt aus seinen Schwierigkeiten befreit. Im Jahr darauf kommt es zur geschäftlichen Vereinbarung. Der Unternehmer tilgt Watts Schulden und stellt Mittel für die Weiterentwicklung der Dampfmaschine bereit. Im Gegenzug verpflichtet sich Watt, zwei Drittel der Vermarktungsrechte an Roebuck abzutreten. Watt ist zu hohen Zugeständnissen bereit, wenn es darum geht, seinen Lebenstraum der perfekten Dampfmaschine zu verwirklichen, und so sagt er zu.

Roebuck will auch das dringend benötigte Patent finanzieren. Rund 300 Pfund kostet der Patentschutz für 14 Jahre, eine riesige Summe, die Watt niemals würde alleine aufbringen können – ein einfacher Handwerker verdient etwa ein bis zwei Pfund in der Woche. Roebuck fordert rasches Handeln, und so macht sich Watt im August des Jahres 1768 auf den Weg zum Patentamt ins entfernte London. Das bedeutet zwölf beschwerliche Tagesreisen und aufgrund der zu erwartenden langwierigen Prozedur eine monatelange Trennung von seiner Frau Margaret, die schwanger ist und alle Hoffnungen in ihren James und seine Erfindung setzt. Ist das Kind erst da, will sie endlich finanzielle Sicherheit für ihre Familie.

Ende des Jahres hält sich Watt mit nur kurzen Unterbrechungen immer noch in der Hauptstadt auf. Er sieht sich der Willkür hoher Patentbeamter ausgeliefert, bittet um Termine, wartet lange Zeit auf Antwort, bis er endlich vorgeladen wird. Wieder und wieder muss er seine Erfindung darlegen, erhält endlich eine Unterschrift mehr und wird zum nächsten Beamten weitergeschickt. Trotz aller Verzweiflung, Watt muss sich der Prozedur unterziehen, will er seine Erfindung schützen. Es ist eine Zeit des Bangens und zähen Ringens, bis er endlich, am 5. Januar 1769, das Patent erhält – ein Meilenstein für ihn, da er nicht länger fürchten muss, um die Früchte seiner Idee gebracht zu werden. Und er ahnt, dass seine Erfindung geeignet ist, eine technische Revolution auszulösen.

Nun gilt es, möglichst rasch eine erste praxistaugliche Maschine zu bauen. In Roebuck hat er einen finanzstarken Partner, der in Schottland sogar über eine eigene Gießerei verfügt. Watt glaubt das Ziel jetzt in greifbarer Nähe. Und Roebuck drängt zum Aufbruch, Watt soll alles Notwendige zusammenpacken und in der Gießerei mit der Arbeit an einem Prototyp beginnen. Nur ungern verlässt Watt seine Frau und den inzwischen geborenen Sohn James. Er ist jedoch zuversichtlich, in Roebucks Gießerei mit der Herstellung schnell voranzukommen. Nur hervorragende Männer sind dort beschäftigt, versichert Roebuck. Sie befeuern Schmelzöfen und verfeinern Gusstechniken.

Doch der rastlose Erfinder täuscht sich. Die Arbeit an der Maschine verläuft schleppend. Die Produktion erweist sich für die Gießerei als Neuland. Schnell zeigt sich, dass Roebucks Männer nicht in der Lage sind, die von Watt verlangte handwerkliche Genauigkeit zu liefern. Die größten Schwierigkeiten bereitet der riesige, eiserne Zylinder. Aus Blech würde er dem enormen Druck im laufenden Betrieb niemals standhalten. Ein massiver Zylinder muss also her. Einen solchen Zylinder zu gießen und anschließend auszubohren, wäre zwar theoretisch denkbar, ist aber praktisch nicht mit der erforderlichen Exaktheit zu leisten. Es fehlt eine Bohrvorrichtung, die groß und stabil genug ist, um darin einen mächtigen Zylinder einzuspannen. Watt wird allmählich bewusst, dass die Herstellung seiner Maschine die Grenzen der Handwerkskunst sprengt. Damit nicht genug, ist

Watt immer wieder gezwungen, Kanalvermessungsaufträge anzunehmen, denn Roebuck will zwar den Bau der Dampfmaschine finanzieren, für den Lebensunterhalt seiner Familie und für sich muss Watt aber selbst sorgen.

John Smeaton, der hoch angesehene Ingenieur, hat in der Zwischenzeit eine ganz andere Strategie verfolgt. Smeaton, der wie Watt das Potenzial der Dampfkraft früh wahrgenommen und gleichzeitig die kostspieligen Mängel der alten Dampfmaschine von Newcomen erkannt hat, kommt wesentlich schneller zu einer wenn auch weniger effektiven Lösung. Er entschließt sich, die Wirkprinzipien beizubehalten, also die Kondensation im Dampfzylinder zu belassen. Aber er verfeinert das Zusammenspiel der Einzelteile und stimmt Feuerung, Boiler und Zylindermaß sorgfältig aufeinander ab. Und dann im Jahr 1770 entwickelt Smeaton sogar eine eigene Bohrtechnik für seinen Zylinder. Der wäre für Watts Maschine bei Weitem nicht präzise genug, aber Smeaton erreicht durch all seine Verbesserungen eine Leistungssteigerung um 100 Prozent. Das bedeutet jedoch nur eine minimale Vergrößerung des Wirkungsgrades, der bei Newcomens Ungetüm ja so verschwindend gering ist, dass eine Verdoppelung im Endeffekt kaum etwas bringt.

Smeaton kennt Watts Patent, er weiß, dass der Schotte die bessere Technik entwickelt hat. Aber er sieht als Ingenieur auch, dass es Watt schier unmöglich sein wird, eine derart filigrane Maschine mit den technischen Mitteln der Zeit zu bauen. Daher blickt Smeaton gelassen in die Zukunft, zumal er erste Aufträge verbuchen kann, die ihm lukrative Gewinne bescheren.

James Watt hingegen, der nach wie vor Vermessungsaufträge annimmt, um für den Lebensunterhalt seiner Familie sorgen zu können, muss dafür die Arbeit an seinem Lebenstraum immer wieder unterbrechen. Jahre vergehen, in denen Watt nur selten bei seiner Frau und dem Sohn sein kann, immer unterwegs und in Gedanken hin und her gerissen zwischen der Familie in Glasgow und der stockenden Arbeit am Prototypen seiner Dampfmaschine in Roebucks Gießerei.

Der Caledonian Canal soll Watts letzter großer Vermessungsauftrag werden. Die Arbeit bringt genügend Geld, um die Familie eine Weile über Wasser zu halten, und dann, so hofft er, wird der Durchbruch mit seiner Maschine doch endlich gelingen. Diesmal fällt es ihm besonders schwer, abzureisen, denn seine

Frau ist wieder hochschwanger und bis zur Geburt dauert es nicht mehr lange.

Im Herbst des Jahres 1773 schlägt er sich durch abgelegene Regionen ohne Straßen und Wege, das schlechte Wetter treibt ihn an seine Belastungsgrenzen. In seinem Notizbuch vermerkt er: »Unablässiger Regen hielt mich seit drei Tagen so nass, wie wie ich nasser nicht werden konnte. Ich konnte kaum das Tagebuch trocken halten.« Da überbringt ihm ein Bote auch noch eine schreckliche Nachricht. Bei der Geburt seines zweiten Kindes ist es zu Komplikationen gekommen. Es ist nicht sicher, ob Frau und Kind die schwere Niederkunft überleben werden. Watt lässt alles stehen und liegen, bricht sofort auf. Nach drei Tagen steht er völlig erschöpft in Glasgow vor der Tür seines Hauses. Doch er kommt zu spät. Seine Frau ist gestorben, mit ihr das Neugeborene. Nie wird Watt diesen Verlust verwinden, nie wieder erleben ihn seine Freunde so fröhlich wie zu Zeiten, als seine geliebte Margaret noch lebte.

Und schon bald kommt der nächste Schicksalsschlag. Watts langjähriger Partner John Roebuck hat sich in verzweigte Unternehmungen verstrickt und am Ende alles verloren: die Gießerei und die Bergwerke, in denen Watts Pumpenantrieb hätte arbeiten sollen. Roebuck bleibt nur der Trost, weiterhin als nun angestellter Geschäftsführer seine ehemals eigenen Gruben zu leiten. Seine Beteiligung an Watts Patent steht jetzt zum Verkauf. Watt kommt es vor, als habe sich die Welt gegen ihn und seine Erfindung verschworen. In dieser verzweifelten Lage beschließt er, seine Heimat Schottland zu verlassen.

Er gibt seinen Sohn in die Obhut von Verwandten und siedelt nach Birmingham über. Dort lebt in der Nähe ein finanzstarker Unternehmer, den Watt schon seit 1768 kennt: Matthew Boulton.

Zu jener Zeit ist Watt auf dem Weg nach London, um sein Patent zu beantragen. Auf eine Einladung hin legt er einen Zwischenstopp in Birmingham ein und besucht den umtriebigen Unternehmer. Dieser hat von Watts Arbeit an der Dampfmaschine gehört und will ausloten, ob er den Erfinder dazu bringen kann, Roebuck den Rücken zu kehren und stattdessen mit ihm zusammenzuarbeiten.

Stolz führt Boulton den bescheidenen Erfinder durch seine Fabrik und hofft so, ihn auf seine Seite zu ziehen. Doch der ist noch vertraglich an seinen Partner Roebuck gebunden. Im Ok-

Smeatons Dampfmaschine

Watt und Boulton

Matthew Boulton (1728–1809)

tober 1768 bietet dieser dem interessierten Boulton dann tatsächlich an, in Lizenz die Dampfmaschine bauen zu dürfen, doch nur in drei Grafschaften rund um Birmingham und erst, wenn das Patent erteilt worden ist. Boulton aber lässt sich nicht gerne auf halbe Sachen ein und wartet stattdessen auf seine Chance. Die sieht er jetzt gekommen. Wegen seiner Finanznot muss Roebuck im Jahr 1773 die Anteile an Watts Patent an Boulton verkaufen. Und Watt selbst ist froh, nach Birmingham kommen zu können. Die angehäuften Schulden aus den letzten Jahren übernimmt Boulton. Für Watt bleibt es bei einem Drittel der zu erwartenden Gewinne.

Boulton ist eine schillernde Unternehmerfigur Englands am Vorabend der Industrialisierung. Unweit von Birmingham hat er einen noblen Herrensitz errichtet: Soho House. Adel und Geldadel gehen hier ein und aus, ebenso die geistigen Vordenker der Zeit.

Schon 1762 hatte Matthew Boulton die Soho Works eröffnet, weltweit eine der ersten Fabriken überhaupt. Nicht mehr nur im kleinen Stil der häuslichen Manufaktur wird hier produziert, sondern Boulton errichtet ganze Fertigungsreihen für serielle Produktionen. Er ist einer der Ersten, der erkennt, dass man in großen Stückzahlen billiger herstellen kann und bietet seine Erzeugnisse entsprechend preiswerter an als die Konkurrenz. In Soho Works werden Taschenuhren mit glänzenden Ketten, Knöpfe und dekorativer Wandschmuck hergestellt. Ein zunehmend wohlhabendes Bürgertum imitiert den Adel und leistet sich den Glanz und Pomp aus Matthew Boultons Fabrik.

Boulton scheint nicht nur wegen seines Reichtums und geschäftlichen Erfolges der richtige Partner für Watt zu sein, er sitzt auch am genau richtigen Ort. Birmingham ist das Herz der aufkommenden Industrie. Wenn Watt irgendwo in England besonders fähige Gießer und Handwerker finden kann, dann hier. Und Boulton braucht für seine Fabrik, die Drehbänke, Hammerwerke und Bohrmaschinen massenhaft Energie. Die schöpft er bisher vor allem aus Wasserkraft. Pferde werden für die einfachen Antriebe eingesetzt. Doch beides ist unzuverlässig und reicht nicht mehr aus.

Eine verlässliche und sparsame Dampfmaschine würde Boultons Energieproblem auf einen Schlag lösen, und die soll ihm Watt jetzt bauen.

Der bekommt Boultons volle finanzielle und logistische Unterstützung bei der weiteren Entwicklungsarbeit auf dem Weg zu einem funktionierenden Prototyp. Doch Boulton stellt eine Bedingung, bevor er bereit ist, Verträge zu unterschreiben.

Schon zehn Jahre ist Watts Erfindung des separaten Kondensators inzwischen alt, seit sechs Jahren hält er den Patentschutz auf seine Idee. Doch bisher hat Watt nichts anderes als einen horrenden Schuldenberg angehäuft. Boulton verlangt jetzt Sicherheiten. Er kalkuliert, es werde noch Jahre dauern, bis lohnende Gewinne aus dem Geschäft mit der Dampfmaschine fließen würden. Große Investitionen seien für die Entwicklung der Maschine und deren Vermarktung nötig. Und das Patent hat nur noch eine Laufzeit von acht Jahren, zu wenig, um ein gutes Geschäft daraus zu machen. Boulton verlangt von Watt, für die Verlängerung des Patentschutzes zu kämpfen. Ein Parlamentsausschuss solle darüber entscheiden.

Watt verfasst darauf ein Papier, mit dem er für seine Sache zu Felde ziehen will. Es geht um die Gunst der Parlamentarier und darum, Lobbyisten auszuschalten, die gegen eine Patentverlängerung Stimmung machen. Denn längst gibt es in der Öffentlichkeit keinen Zweifel mehr daran, dass Watts neue Dampfmaschine ein großer Erfolg werden wird, und je früher er seinen Patentschutz verliert, desto eher steht die Erfindung jedermann offen. Vor allem eine Gruppe von Minenbesitzern aus der Nähe von Bristol will seine Maschine so schnell wie möglich einsetzen, aber ohne dafür Lizenzen zu zahlen.

Watt legt in seinem Papier die unschlagbaren Vorteile seiner Maschine gegenüber der alten von Newcomen dar, schildert sein langes und mühsames Ringen, die vielen Entbehrungen, die er bis zur Lösung des Problems der Energievergeudung hat ertragen müssen. Ohne seine Erfindung des separaten Kondensators sei dieser Fortschritt undenkbar gewesen. Jetzt habe er ein Recht darauf, für seine Mühen belohnt zu werden.

Boulton zieht derweil im Hintergrund geschickt die Fäden, macht seinen ganzen Einfluss geltend, trifft sich sogar mit Parlamentsmitgliedern, um für Watt zu werben. Doch Boulton hat Watt klargemacht, sollte das Patent nicht verlängert werden, würde er nicht in die Erfindung investieren. Mit einem Schlag könnte Watt alles verlieren, wofür er seit über zehn Jahren kämpft.

Im April 1775 treten Watt und auch Boulton persönlich vor den Ausschuss, werfen alle denkbaren Argumente in die Waagschale, Boulton wie gewohnt selbstsicher, Watt mit etwas weichen Knien. Nur einen Monat später, im Mai 1775, kommt endlich die erlösende Nachricht. Watts Patent aus dem Jahr 1769 wird um 25 Jahre verlängert, bis Ende des Jahrhunderts. Es ist Watt, als sei seiner alten Erfindung neues Leben eingehaucht worden.

Watt und Boulton können sich jetzt unverzüglich an die Arbeit machen. Boulton stellt seine sämtlichen Ressourcen uneingeschränkt zur Verfügung: Arbeiter, so viele, wie Watt benötigt, und Geldmittel, von denen der schottische Erfinder bisher nicht einmal zu träumen wagte. Als Erstes möchte Watt eine Versuchs-

Verfeinerung der Gusstechnik

Erste Gießer verwenden damals in der Gegend von Birmingham Koks anstatt der bisher üblichen Holzkohle, um die Schmelzöfen zu befeuern. Die Temperatur ist wesentlich höher und der Anteil an Kohlendioxid geringer, das gewonnene Eisen ist weniger spröde, lässt sich deutlich besser bearbeiten und hat eine höhere Haltbarkeit. Auch Wilkinson erkennt die Vorteile von Koks und setzt auf die neue Methode.

Im Jahr 1779 wird im Zentrum englischer Eisenproduktion, im Tal des Flusses Severn unweit Birmingham, ein Bauwerk feierlich eingeweiht, das bis heute die Fähigkeiten des Werkstoffs Eisen weithin sichtbar unter Beweis stellt. Die Iron Bridge, aufgestellt im Zentrum des frühen englischen Hüttenwesens, ist die erste Brücke der Welt, die vollständig aus Eisen besteht. Am Bau und der Finanzierung ist auch der vom Werkstoff Eisen besessene Gießmeister John Wilkinson beteiligt. Die Brücke ist damals wie heute ein Symbol des industriellen Aufbruchs in England.

maschine bauen, am besten auf dem Gelände der Soho Works. Später will Boulton für ausgesuchte Kunden eindrucksvolle Vorführungen organisieren. Der erfahrene Geschäftsmann ist sich sicher, dass er auf diese Weise schnell an Aufträge kommen wird.

Seit den ersten Versuchen in Roebucks Gießerei ist Watt klar geworden, dass die präzise Herstellung des riesigen Dampfzylinders das größte Problem darstellt. Nur mit einem genau gefertigten Dampfzylinder und einem ebenso akkuraten Dampfkolben kann die Maschine ihre volle Effizienz erreichen. Andernfalls würde auch Watts Erfindung zu einem Kohle fressenden Monster mutieren. Was Watt also jetzt braucht, ist ein Meister auf dem Gebiet des Eisens und der Gießtechnik, der bereit ist, sich außergewöhnlichen Herausforderungen zu stellen.

Boulton weiß, es kommt nur ein einziger Mann infrage: John Wilkinson, den man ehrfürchtig »King of the Ironmasters«, den »König der Eisenmeister«, nennt. John Wilkinson umgibt sich mit seinem Lieblingselement Eisen, wo es nur geht. Sogar sein Schreibtisch ist aus diesem Stoff.

Der riesige Zylinder für Watts Maschine muss dampfdicht und damit aus einem Stück gegossen sein. Boulton ist bekannt, dass Wilkinson über einzigartiges Spezialwissen nicht nur in der Gusstechnik, sondern auch im Ausbohren von Hohlkörpern verfügt. Im Jahr 1774 hat Wilkinson eine neuartige Methode zum präzisen Bohren von Kanonenrohren patentieren lassen. Noch im selben Jahr baut er in seiner Werkstatt eine von Wasserkraft betriebene riesige Bohrmaschine und geht in die Serienproduktion. Er liefert der Royal Navy, die auf den Weltmeeren kreuzt und die Handelsrouten sichert, Kanonen von ungeahnter Durchschlagskraft und Präzision. Bei einem gemeinsamen Treffen mit Boulton und Watt nimmt Wilkinson die Herausforderung an und gibt sich überzeugt, einen Zylinder und auch den exakt passenden Dampfkolben in der gewünschten Qualität problemlos liefern zu können.

Und tatsächlich vollbringt er das Wunder. Schon nach einer Woche kann Wilkinson seine Auftraggeber zu sich rufen. Stolz präsentiert der Gießmeister sein Werk, den Zylinder, so präzise gebohrt, dass die Abweichung vom Ideal einer absolut ebenmäßigen Bohrung gerade einmal einem Tausendstel des Zylinder-Durchmessers entspricht. Auch der Dampfkolben ist in vollendeter Perfektion gelungen. Wie von Watt entworfen, ist er in Holz

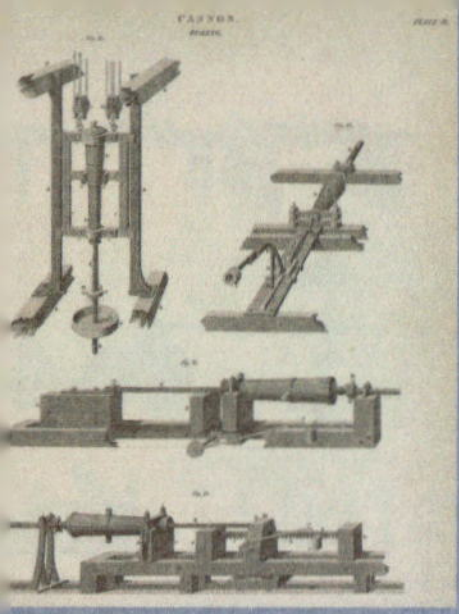

Wilkinsons Bohrmaschine

Kupfermine in Cornwall

John Wilkinson (1728–1808)

ausgeführt, mit massiven Eisenschrauben stabilisiert und außen, zur Zylinderwandung, mit Hanfseilen umwickelt. Die Seile quellen auf, sobald sie mit Wasserdampf in Berührung kommen, und sorgen so für einen dichten Abschluss. Watt ist restlos begeistert. Jetzt kann die Produktion des Prototypen endlich beginnen.

Wilkinson wird fortan der wichtigste Geschäftspartner für Boulton und Watt. Er ist der Garant für die Präzision der Einzelteile der Dampfmaschine. Wilkinson wird in die Pflicht genommen, sein Herstellungsverfahren unbedingt geheim zu halten. Nicht auszudenken, wenn Konkurrent John Smeaton in Erfahrung bringen würde, wie ein solcher Dampfzylinder zu fertigen ist. Wilkinson lässt gegenüber seinen Männern keinen Zweifel daran, dass er jeden Geheimnisverrat auf das Härteste bestrafen wird.

Tatsächlich hat inzwischen Smeaton ebenfalls erkannt, dass der Dampfzylinder die Achillesferse der ganzen Konstruktion ist. Auch er arbeitet an einer verbesserten Version der Zylinder-Bohrmaschine, doch längst nicht so erfolgreich wie Wilkinson.

Watt gewinnt immer mehr an Vorsprung. Im Jahr 1776 ist es schließlich so weit: Stolz steht er vor dem Prototypen seiner Dampfmaschine, aufgestellt in Wilkinsons Gießerei. Die Dampfmaschine soll das Gebläse seines Hochofens antreiben. Watt gibt dem Maschinisten das Zeichen, die Maschine zu starten. Es dauert Minuten, bis im Boiler der ausreichende Dampfdruck von etwa zwei Bar erreicht ist, damit der heiße Wasserdampf in den mächtigen Zylinder gelangen kann. Deutlich ist das Strömen des Dampfes zu hören, dann ein gurgelndes Schnorcheln, der Dampf ist aus dem Zylinder in den Kondensator entwichen. Jetzt beginnt sich der Kolben zu bewegen, erst langsam, dann immer schneller, bis die Maschine schließlich in einen ruhigen Lauf übergeht. Watt triumphiert ebenso wie Boulton. Die Entwicklungs- und Baukosten hatten dessen anfängliche Vorstellungen bei Weitem überstiegen, aber nun kann das große Geschäft endlich beginnen. Jetzt muss nur noch die Markteinführung gelingen, muss unter Beweis gestellt werden, wie überlegen Watts Maschine der alten Technik von Newcomen und vor allem der etwas verbesserten Version John Smeatons ist.

Entsprechend wohlüberlegt müssen die ersten Interessenten ausgewählt werden. Als im Jahr 1777 ein wichtiger Auftrag aus London kommt, scheint die Gelegenheit perfekt. London, Metropole und bedeutendster Handelsplatz, Sitz der mächtigsten Regierung der Welt. Hier soll eine Dampfmaschine von Watt und Boulton arbeiten. Die beiden Geschäftspartner sind begeistert. Unter Watts Argusaugen werden die Maschinenteile gefertigt, Zylinder und Kolben in Wilkinsons Fabrik, die filigranen Ventile in Boultons Soho Manufactory. Watt schickt seinen besten Mann, um Transport und Montage zu überwachen, nichts darf jetzt schiefgehen. Mit Neugierde beobachten die Auftraggeber den schnell voranschreitenden Bau der riesigen Maschine. Allein der mächtige Zylinder misst eine Höhe von fast zwei Metern. Watt wird in Birmingham über jeden Schritt, über alle Probleme sofort informiert. Als er erfährt, dass eine Verzögerung droht, weil sein Chefingenieur erkrankt ist, reist er im November sogar selbst in die Hauptstadt. Auch Boulton schaltet sich ein, er kennt einen hervorragenden Londoner Arzt, der sich um den Kranken kümmern soll. Der Doktor solle alles tun, was notwendig ist, koste es, was es wolle. Glücklicherweise ist der Chefingenieur rechtzeitig wieder gesund.

Den Testlauf soll nach dem Willen der Auftraggeber ein erfahrener und möglichst neutraler Ingenieur durchführen, um Manipulationen durch Watt und Boulton auszuschließen. Sie wählen einen Mann, den sie für einen der fähigsten des Landes halten. Sein Name: John Smeaton. Ausgerechnet Watts alter Konkurrent soll jetzt seine Dampfmaschine abnehmen.

Dann kommt der entscheidende Tag. Als Smeaton vor der mächtigen Maschine steht, kann er nicht anders, als seine Bewunderung auszudrücken. Gleichzeitig ist er überzeugt, Watts Dampfmaschine sei viel zu kompliziert, um im praktischen Einsatz zu bestehen. Tatsächlich braucht es mehrere Minuten, um das komplexe System von Dampfrohren und Ventilen in den Griff zu bekommen, Dampfeinlass und Austritt per Hand über die Ventile zu steuern und so die Dampfmaschine in einen ruhigen Lauf zu versetzen. Der Maschinist, der die Maschine in Betrieb setzt, scheint von der komplexen Dampfmaschine völlig überfordert und macht solche Fehler, dass Dampfventile bersten und er die Maschine ruiniert. Es stellt sich heraus, dass er in der vorigen Nacht zu tief ins Glas geschaut hat. Er wird sofort gefeuert. Der viel beachtete Versuch der Markteinführung von Watts revolutionärer Dampfmaschine endet im Desaster.

Da wird erzählt, Smeaton sei am Abend zuvor gesehen worden, wie er dem Maschinisten ein stattliches Trinkgeld gegeben habe. Damit habe sich der einfache Mann prompt in die nächste Schankwirtschaft begeben und einen über den Durst getrunken. Aber nachweisen lässt es sich nicht, dass dies Smeatons hinterhältiger Plan gewesen ist.

Trotz des gescheiterten Testlaufs hat sich das revolutionäre Prinzip von Watts Dampfmaschine bereits weit herumgesprochen. Wachsam hat man im Ausland schon seit längerer Zeit die Entwicklung der englischen Dampftechnik verfolgt. Auch in Preußen besteht großes Interesse. Schon 1768 hatte Friedrich II., König von Preußen, ein Bergwerk für 124 000 Taler gekauft. Doch der Bergbau hat dort dieselben Probleme wie der in England. Die Oberflächenvorkommen an Kohle und Erzen sind schnell erschöpft. Um an die tiefer liegenden Lagerstätten zu kommen, muss man die Stollen weiter vorantreiben, und das bringt hier wie dort die enormen Risiken des Wassereinbruchs mit sich.

Mit ganzen Pferdeherden versucht man in Preußen die Pumpen zu betreiben, ein unzureichendes und dazu unglaublich teures Unterfangen. In einer Grube südlich von Magdeburg werden eigens 124 Pferde gehalten, die im Schichtrhythmus im Kreis laufen müssen, um ein Pumpensystem, ein sogenanntes Göpelwerk, anzutreiben. Man will die Förderung von Kupfer erhöhen, das in tief liegenden Schieferschichten enthalten ist. Kupfer ist unabdingbar für die Herstellung von Kanonen. So ist der Bergbau von allerhöchstem Staatsinteresse.

König Friedrich II. weist schließlich seine Bergbauexperten an, die Dampftechnik endlich auch im Preußenreich einzusetzen. Anfang des Jahres 1778 nehmen preußische Beamte mit der Firma Boulton und Watt in Birmingham Kontakt auf. Die Verhandlungen ziehen sich in die Länge. Zwar äußern die Preußen schnell handfeste Kaufabsichten und sind bereit, den geforderten Kaufpreis zu zahlen, doch Watt und Boulton trauen ihnen nicht. Denn die Preußen wollen nur eine einzige Maschine aus Birmingham bestellen, obwohl sie wesentlich mehr für ihren Bergbau brauchen. Watt und Boulton wittern den Grund: Offenbar sollen die technischen Details der Dampfmaschine an der einen gelieferten Maschine studiert und sie dann nachgebaut werden.

Am 24. März 1778 setzen Watt und Boulton einen Brief auf. Darin verlangen die beiden Garantien, wollen ein gesichertes Liefermonopol für die Dampfmaschine und ihre Bauart während der nächsten 14 Jahre. Dazu sind die Preußen jedoch nicht bereit, und die Verhandlungen werden abgebrochen.

Schon im Mai desselben Jahres machen sich zwei Bergbauspezialisten von Berlin aus nach Westen auf, schiffen sich auf einem Segler ein, der Richtung England unterwegs ist. Ihr Auftrag ist eindeutig: Sie sollen so viel wie möglich über die Dampftechnik aus Birmingham in Erfahrung bringen, sollen detaillierte Zeichnungen und genaue Pläne anfertigen, auf deren Grundlage eine Maschine nachgebaut werden kann.

Der ansonsten so zuversichtliche Matthew Boulton ist der Verzweiflung nahe. Nach dem Desaster in London, dem Totalschaden der Dampfmaschine, verlässt ihn der Mut. Seine Hoffnung, nach der Investition von Unsummen an Geldmitteln jetzt endlich auch Gewinne einfahren zu können, ist dahin. Wenn es nicht bald bergauf geht, dann muss er sich aus dem Geschäft zurückziehen, seine Finanzreserven sind ohnehin bis zum Äußersten beansprucht. Einen Bankrott, wie ihn Watts früherer Partner Roebuck erlitten hat, will Boulton auf keinen Fall riskieren.

Watt, der sich wieder einmal dem Durchbruch so nah wähnte, ist völlig verzweifelt. Es will einfach nicht gelingen, Geld mit seiner Idee zu verdienen und die Früchte jahrelanger Arbeit zu ernten. Im Jahr 1778 ist für Watt und seinen Partner Boulton der Tiefpunkt erreicht. Ausgaben von unglaublichen 42 500 Pfund stehen Einnahmen von gerade einmal 4000 Pfund gegenüber. Das gemeinsame Unternehmen steht kurz vor dem Ruin, nur Boultons Überzeugungskraft lässt Geldgeber noch stillhalten. Die zwei Geschäftspartner sehen nur noch eine einzige Chance. Der Prototyp hatte besonders bei Minenbesitzern aus Cornwall großes Interesse geweckt. Ihnen steht das Wasser buchstäblich bis zum Hals. Minutiös führen sie Buch über Kohleverbrauch

Wassermühle in England, 17. Jahrhundert

Friedrich II.

und Leistung der Pumpen. Newcomens schwerfällige Technik, ihr enormer Energieverbrauch, der teure Kohletransport, das viele unaufhaltsam in die Stollen eindringende Wasser: All das ruft nach einer schnellen Lösung, wenn nicht noch mehr Gruben geschlossen werden sollen.

Watt will jetzt selbst nach Cornwall reisen, um für seine Dampfmaschine zu werben. In der Not wird der Ingenieur zum Handlungsreisenden, mit einem ausgeklügelten Angebot in der Tasche. Wenn das Unternehmen in Soho überleben soll, muss es ihm unter allen Umständen gelingen, die starrköpfigen und eigensinnigen Landlords und Minenbetreiber endgültig von den unschlagbaren Vorteilen seiner Technik zu überzeugen.

Er und Boulton gedenken keine Lizenzgebühr für die Benutzung zu verlangen, sondern lediglich ein Drittel von der Summe, die jeder Minenbetreiber einspart, wenn er Watts Maschine

Industriespionage durch Preußen

Mehrfach waren preußische Beamte als Spione in England unterwegs, um Einzelheiten über die Konstruktion der Dampfmaschine herauszufinden. Die Aufträge für ihre Unternehmungen kamen von der Spitze des preußischen Staates. Dass es sogar Friedrich II. selbst war, der dies anordnete, belegen Akten von damals, die in den Archiven des heutigen Landeshauptarchivs Sachsen-Anhalt, Abteilung Magdeburg, Standort Wernigerode, ausfindig gemacht wurden.
In einem minutiösen Bericht an Friedrich II. hatte man seinerzeit sowohl die Spionagereisen als auch die Arbeit am Nachbau festgehalten. Friedrich II. war über die Spionageaktionen nicht nur bestens informiert, er war es sogar höchstpersönlich, der Gelder dafür be-

anstelle der alten einsetzt. Aber wie sollen der so unterschiedliche Verbrauch und die ganz andere Leistung der zwei Maschinen für den Betreiber anschaulich gemacht werden? Watt hat eine einfache Idee, sie heißt »Pferdestärke«. Grubenpferde ziehen unter Tage die schwer beladenen Loren durch die Stollen. Die enorme Leistung der Tiere kann sich jeder, der mit Bergbau zu tun hat, leicht vorstellen. Und auch die Erinnerung an die Pferde, die, immerwährend im Kreis laufend, früher die Pumpen antrieben, bietet sich zu einem sinnfälligen Vergleich an.

Der Plan geht auf, rasch treffen die ersten Bestellungen ein, bald können bescheidene Gewinne erwirtschaftet werden, dann häufen sich die Aufträge, denn keiner der Grubenbetreiber will dem anderen nachstehen. Damit hat Watt die Leistung seiner Dampfmaschine werbewirksam unter Beweis gestellt. Innerhalb der nächsten Jahre laufen in Cornwall 55 seiner Maschinen. Der wichtige Bergbau im Südwesten Englands ist gerettet. Und für Watt und Boulton wird es Zeit, sich einem neuen Markt zuzuwenden. Von Cornwall aus wollen die beiden Geschäftspartner den Bergbau auch in den übrigen Bergbaurevieren Großbritanniens erobern. Für die nächsten Jahre sind sie damit beschäftigt, Gruben von Schottland im Norden über die Midlands um Birmingham bis in den Süden Englands zu besuchen, ihr Produkt anzupreisen, die Vorteile aufzuzeigen und Verträge abzuschließen. Das Geschäft floriert.

willigte. Dies beweist seine Paraphe, das Unterschriftenkürzel, auf einem der Papiere.
Außerdem ist der Inhalt eines Geheimpapiers überliefert, das Friedrich II. seinem Oberbergrat Waitz von Eschen am 24. April 1778 mit auf den Weg nach England gab. Der Inhalt kommt einem Aufruf zu Industriespionage gleich:
»… bey eurer bevorstehenden Reise, euch in Engelland, besonders mit der Construction dieser Machinen, deren Effect und Aufwand, der Feuerung bekandt zu machen, und durch den p. Bückling die genauste Polir-Riße davon anfertigen zu laßen, damit bey eurer Zurückkunft, darnach sowohl der oeconomische Nutzen derselben, in Verhältniß anderer Machinen berechnet, als auch die Machinen selbst, nach diesen Rißchen errichtet werden können.«

Inzwischen droht allerdings ernsthafte Gefahr durch Spione vom Festland, die heimlich Informationen über die Dampfmaschine in ihren Besitz gebracht und außer Landes geschmuggelt haben. Trotz vieler detaillierter Zeichnungen ist es bisher jedoch nicht gelungen, einen funktionierenden Nachbau der Maschine aus Birmingham zustande zu bringen. Es mangelt einfach an der Präzision, und auch das komplizierte Zusammenspiel von Ventilen und Dampfleitungen bleibt ein Rätsel. Zwar pumpt zum ersten Mal am 23. August 1785 um neun Uhr vormittags bei Hettstedt südlich von Magdeburg ein Nachbau der Wattschen Dampfmaschine mit bis zu 16 Hüben pro Minute Wasser aus der Tiefe einer Schachtanlage, aber die Maschine läuft nicht lange störungsfrei. Erst nachdem es gelungen ist, einen von Watts gut ausgebildeten Mechanikern zu bestechen und abzuwerben, gelingt es, die Dampfmaschinen in Preußen dauerhaft funktionsfähig zu machen.

Boulton und Watt plagen seit Langem aber andere Sorgen. Zwar machte ihr Unternehmen mit dem Erfolg in Cornwall einen gewaltigen Fortschritt, doch der Schuldenberg, der auf Boulton lastet, ist dadurch kaum kleiner geworden. Die Einnahmen aus dem ausgeklügelten Geschäftsmodell, das auf den Einsparungen

Die Pferdestärke

Zu Watts Zeiten wurde das Eichen von Maßen und Gewichten noch nicht so streng genommen. So kam es vor, dass zum Beispiel ein Pfund oder eine Unze von einer Stadt zur anderen, sogar von einem Marktplatz zum nächsten voneinander abwichen. Lange schon hatten britische Ingenieure und Betreiber von Dampfmaschinen eine Maßeinheit für die Dampfkraft gefordert, ohne aber eine Lösung zu finden. Als nun Watt in die knifflige Lage kam, anschaulich vermitteln zu müssen, wie groß und effektiv die Kraft seiner Maschine war, ersann er die »Pferdestärke« als Vergleichgröße für die Leistung. Er berechnete, dass ein normales Grubenpferd in einer Sekunde ein Gewicht von 75 Kilogramm einen Meter hoch heben kann. Diese Leistung nannte Watt »eine Pferdestärke«. So machte er in genialer Weise nicht nur für jeden die Leistung seiner Maschine anschaulich, sondern er schuf gleichzeitig eine Größe, mit der die Leistungen verschiedener Maschinen verglichen werden konnten.

gegenüber den alten Maschinen basiert, sind einfach zu gering, decken noch nicht einmal die bisherigen Entwicklungskosten. Es ist vor allem der visionäre und geschäftstüchtige Boulton, der das ungeheure Potenzial der Dampfkraft weiter entfesseln will, der in der Dampfmaschine mehr sieht als nur einen Antrieb für die Pumpen der Bergwerke. Er selbst weiß als Fabrikbetreiber nur zu gut, wie wichtig es ist, eine verlässliche Kraftquelle zur Verfügung zu haben. Bisher ist das vor allem die Wasserkraft.

Boulton will nun den Schwung der Dampfmaschine ausnutzen und gleich das Manufakturwesen durch die Dampfkraft revolutionieren. Die ist, so erkennt er, universell anwendbar und kann überall dort eingesetzt werden, wo sie gebraucht wird. Wäre da nicht ein Problem: Bisher erzeugt die Dampfmaschine von Watt nur eine einfache Hubbewegung. Der Balancier, der große Querbalken über dem Zylinder, der bisher immer nur mit Pumpen verbunden ist, bewegt sich lediglich auf und ab.

Die Voraussetzung für einen universellen Einsatz der Dampfkraft ist aber eine kreisförmige Bewegung, so wie sie für Müh-

Wasserkraft

Tausende und Abertausende von Wasserrädern treiben noch in der zweiten Hälfte des 18. Jahrhunderts überall in Großbritannien primitive Handwerksapparaturen in Kleinstmanufakturen an, ebenso wie schwere Mühlsteine und Maschinen in frühen Industriebetrieben. Meist über ein kompliziertes System von Zahnrädern wird die Kraft des Wassers verlustreich in die Werkstätten übertragen. Seit Jahrhunderten hat sich daran nichts geändert. Dabei ist die Wasserkraft stets ein unzuverlässiger Partner geblieben. In heißen Sommern bestehen die Bäche und Flüsse oft nur noch aus einem Rinnsal. Die Schaufeln der Wasserräder bleiben dann leer, die Maschinen oder Mühlen stehen still oder müssen von Pferden angetrieben werden. Im Winter ist es die Kälte, die Flüsse und Räderwerke vereisen lässt und wieder für Stillstand sorgt. Außerdem sind die Betriebe an die Flussläufe gebunden. Daher sind in den Städten und Ansiedlungen die Plätze dort höchst begehrt und knapp. So siedeln sich die Betriebe in immer weiterer Entfernung von den Städten und damit Absatzmärkten an den Wasserläufen an. Die Waren müssen über große Entfernungen kostspielig transportiert werden.

Spinnmaschine, Patent ca. 1769

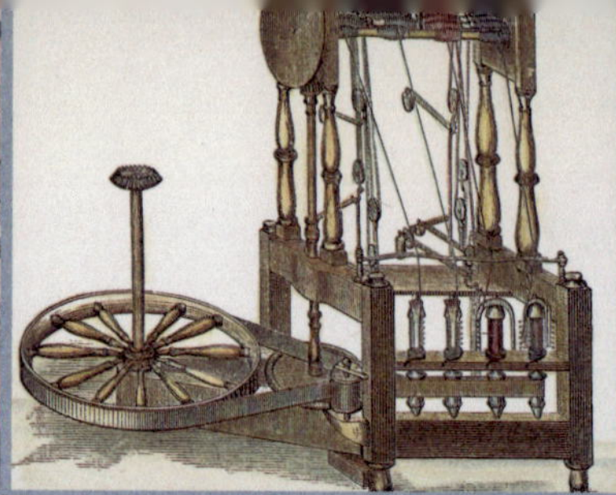
Mechanische Spinnmaschine

Richard Arkwright (1732–1792)

len, Bohrer, Drehbänke gebraucht wird. Darüber hinaus hat Boulton vor allem einen Handwerkszweig im Sinn, der erst vor einiger Zeit mechanisiert worden ist, und zwar die Textilindustrie.

Der gelernte Perückenmacher Richard Arkwright hat sich schon jahrelang über Spinnmaschinen Gedanken gemacht, erfahrene Handwerker getroffen, hier und da einige Ideen gesammelt und schließlich eine eigene Maschine ersonnen. Dann, im Juni 1768, erhält er das Patent auf seine mechanische Spinnmaschine. Die sensationelle Erfindung, angetrieben durch Wasserkraft, ist schnell als »Spinning Jenny« in aller Munde. Schon bald stehen die mechanischen Spinnmaschinen nicht mehr nur in häuslichen Manufakturbetrieben. Im Jahr 1772 eröffnet Arkwright eine erste Fabrik, weitere Fabriksäle folgen, in langen Reihen rotieren die Garnspindeln der Spinning Jenny. Scharen von Männern, Frauen und Kindern schuften 12 oder sogar 14 Stunden täglich an sechs Tagen in der Woche. Sie verarbeiten Baumwolle, die massenhaft von den amerikanischen Plantagen kommt und in Großbritannien verarbeitet wird.

Boulton sieht dort einen gewaltigen neuen Absatzmarkt für Watts Dampfmaschine. Und die Fabrikbesitzer in den wachsenden Industriemetropolen, allen voran Manchester und Birmingham, verlangen nach der Dampfkraft. Sie wollen die fantastische Energiequelle, die den Bergbau gerettet hat, jetzt für sich und ihre Betriebe.

Boulton treibt Watt an, er solle sich etwas einfallen lassen. Watt will eigentlich viel lieber seine Dampfmaschine noch perfekter machen, als sich um immer neue Erfindungen bemühen zu müssen. Doch es gibt keine andere Möglichkeit, das Geschäft ausbauen zu können. James Watt ist rasch klar, dass ein einfacher Pleuel, seit Jahrhunderten bekannt und im Einsatz, auch bei seiner Dampfmaschine die lineare Bewegung einfach in eine Kreisbewegung übersetzen kann. Doch einen solchen Kurbelbetrieb hat sich der Birminghamer Knopffabrikant und Erfinder James Pickard soeben, im Jahre 1780, patentieren lassen. Watt und Boulton haben das Nachsehen. Als Pickard auch noch eine Lizenz zum Bau von Watts Dampfmaschinentyp erwerben will, verweigern ihm die beiden die Benutzung ihrer Technik, auch wenn es geschäftliche Verluste bedeutet. Die Situation ist verfahren. Wollen Watt und Boulton die Nachfrage nach einer kreisförmigen Kraftbewegung bedienen, gibt es nur zwei Möglichkeiten. Entweder, sie kaufen von Pickard eine Lizenz zur Nutzung seines Kurbelpatents, oder der Erfinder Watt lässt sich etwas Neues einfallen.

Watt verbringt das Jahr 1781 abwechselnd in seiner Werkstatt in Soho oder über Büchern der Mechanik, denn was er vorhat, geht weit über simples Basiswissen hinaus. Er muss etwas völlig Neues erdenken, etwas, das es bisher noch nicht gibt. Am Ende lässt sich Watt nicht weniger als fünf neue Methoden zur Erzeugung einer, wie er es nennt, »konstanten Rotationsbewegung zum Antrieb von Mühlrädern oder anderen Maschinen« patentieren. Vier der Methoden kommen nie zur Serienreife oder einer kommerziellen Nutzung, aber die fünfte Idee wird Watts ganzer

»Sun and Planet«-Getriebe

Watts Idee zu einem einfachen Getriebe basiert auf zwei Zahnrädern. Das eine, Watt nennt es die Sonne, ist fest mit der Achse eines Schwungrades verbunden. Diese Achse, die das Zahn- und das Schwungrad trägt, kann frei rotieren.
Das andere Zahnrad, dem Watt den Namen Planet gibt, ist über eine Stange fest mit dem auf- und abschwingenden Balancier, dem Querbalken der Dampfmaschine, verbunden. Das Planetenzahnrad ist nicht wie das Sonnenzahnrad auf einer Achse montiert, sondern starr angebracht. Beide Zahnräder, Sonne und Planet, sind fest miteinander verhakt. Bei der Auf- und Abbewegung des Dampfmaschinenbalkens kreist das Planetenzahnrad um die Sonne, die in Rotation versetzt wird. Mit dem Sonnenzahnrad über dieselbe Achse verbunden ist das Schwungrad, das die rotierende Kraftbewegung vollführt und über Transmissionsriemen auf angeschlossene Maschinen übertragen kann.

Stolz: das »sun and planet gear«, das sogenannte Planetengetriebe. Bei der raffinierten Alternative zum Patent von Pickard kreist ein Zahnrad wie ein Planet um das andere und erzeugt so aus der Hubbewegung eine gleichmäßige Drehbewegung.

Mit dem neuen Rotationsprinzip ist Watts Dampfmaschine endlich überall einsetzbar. Und Aufträge lassen nicht lange auf sich warten.

Die junge Textilindustrie macht sich die neue Kraftquelle als Erste zunutze. Neben maroden Wasserrädern werden gigantische Dampfantriebe aus Stein und Eisen errichtet, Zeichen eines neuen Zeitalters, das sich jetzt mit voller Wucht seinen Weg bahnt. Schon bald rauchen die Schlote der Kesselhäuser nicht nur in den Kohle- und Erzrevieren, sondern auch inmitten der Städte. Ganze Bezirke werden zu Industriekomplexen.

Für Watt und seine Neuerfindung der Dampfmaschine ist spätestens mit der Eroberung der Textilindustrie als Großabnehmer der wirkliche Durchbruch geschafft. Andere Industriezweige, wie das Gießereiwesen und der Maschinenbau, folgen dem Beispiel und setzen mehr und mehr auf die Dampfkraft als Kraftquelle. Es ist die lang ersehnte Anerkennung und der dringend benötigte geschäftliche Erfolg für Watt und seinen Partner Boulton.

20 Jahre voller Entbehrungen und Kämpfe liegen nun hinter Watt. Jetzt wird er hofiert, ist Teil der feinen englischen Gesellschaft geworden, er, der als kleiner Instrumentenbauer in Gree-

Folgen der Industriellen Revolution

Kohle, Eisen und Dampfkraft wurden die drei Säulen einer neuen Epoche: der industriellen Revolution. Der unaufhaltsame Siegeszug der Dampfmaschine verwandelte schließlich das Antlitz der ganzen Welt.

Die Massenproduktion von Gütern überschwemmte die Märkte, Waren wurden immer billiger, Maschinen verdrängten Arbeitsplätze. Die Folgen waren verheerend. Menschen strömten in die Städte, auf der Suche nach Arbeit.

Im März des Jahres 1811 drangen kleine Gruppen von Strickern in Fabriken ein, wo die Maschinen standen, die ihnen die Arbeit weg-

nock bei Glasgow begonnen hatte. Briefe und Glückwünsche aus der ganzen Welt treffen ein. Doch das Patent hat nur noch eine Laufzeit von zehn Jahren, bis zur Jahrhundertwende.

Es wird Zeit, an die Zukunft der Firma zu denken, der Sohn, James Watt junior, geboren im Jahr 1769, soll zusammen mit Boultons Sohn Matthew Robinson einmal das Geschäft übernehmen. Ab 1794 arbeiten beide Söhne am Firmensitz in Birmingham mit und begeben sich auf Kundenbesuche von Schottland bis hinunter nach Cornwall. James Watt junior wird sogar als Spitzel eingesetzt, soll herausfinden, ob nicht irgendwo im Land ein gerissener Grubenbesitzer oder Fabrikbetreiber Watts Patent umgeht und heimlich eine Dampfmaschine nach dessen Bauart einsetzt.

Doch Betrug lauert nicht nur weit entfernt von Birmingham, sondern auch in unmittelbarer Nachbarschaft. John Wilkinson, der unschätzbar wichtige Partner, der seit 1776 die präzisen Dampfzylinder liefert, scheint Watt und Boulton zu hintergehen. Wilkinsons Bruder, neidisch auf den Erfolg des Eisengießers, schwärzt John Wilkinson an. Der verkaufe hinter dem Rücken von Watt und Boulton auf eigene Rechnung ganze Dampfmaschinen und ermutige sogar andere Ingenieure dazu, sich an dem verdeckten Geschäft zu beteiligen.

Unter einem Vorwand laden Boulton und Watt daraufhin Wilkinson, der glaubt, die beiden wüssten von nichts, nach Soho House ein. Nach einer Tasse Tee und den üblichen Höflichkeiten kommen die Hintergangenen schnell zur Sache. Sie beschuldigen Wilkinson rundheraus des Betruges. Wilkinson leug-

nahmen. Verzweiflung und Not waren so groß, dass die Arbeitslosen gegen die Maschinen und deren Herren aufbegehrten. Sie zerstörten etliche Maschinen. Im Herbst desselben Jahres gingen auch die Baumwoll- und Seidensticker auf die Barrikaden, verlangten Arbeit und Brot und nahmen sich die verhassten Maschinen vor. In Nottingham, Mittelengland, kam es zu regelrechten Aufständen, die durch den Einsatz von nicht weniger als 12 000 Soldaten niedergeschlagen wurden. Ein Gesetz folgte und stellte Angriffe auf Fabriken unter Todesstrafe. Viele der verzweifelten Aufständischen wurden nach Australien deportiert. Die Mitglieder der revolutionären Bewegung gingen als »Maschinenstürmer« in die Geschichte ein.

»Sun and Planet Gear«

Soho Engineering Works

net nicht und führt an, er sei zu dem Schritt gezwungen gewesen, denn eine Beteiligung am Geschäft sei ihm immer verweigert worden. Dabei habe er doch entscheidenden Anteil an dem riesigen Erfolg von Boulton und Watt. Denn ohne ihn, so Wilkinsons Meinung, würde es Watts Dampfmaschine nicht geben. Watt und Boulton gehen darauf nicht ein, sondern kündigen mit sofortiger Wirkung jede Zusammenarbeit. Außerdem verlangen sie eine angemessene finanzielle Entschädigung. Alle Einnahmen, die Wilkinson an Boulton und Watt vorbei verbucht hat, soll er jetzt mit Zinsen zurückzahlen. Wohl oder übel stimmt Wilkinson zu, eine andere Wahl hat er nicht. Ein Gerichtsverfahren, darüber ist er sich im Klaren, würde er in jedem Fall verlieren, noch dazu sein Ansehen als Gießmeister und Geschäftsmann.

Watt und Boulton, tief enttäuscht von dem einstigen Freund, fassen einen Entschluss. Sie werden sich von Zulieferern wie Wilkinson unabhängig machen, wollen zukünftig alle Teile für die Dampfmaschine selbst herstellen. Neben der Soho Works, der Fabrik von Boulton, die zur Keimzelle des Erfolges für die Dampfmaschine wurde, errichten die beiden Partner jetzt kurzerhand die Soho Foundry, eine eigene Gießerei. Wie sonst auch, ist für Boulton das Beste gerade gut genug, nur die modernsten Maschinen werden angeschafft, und James Watt überwacht den Bau von Hochöfen und Schmiedeplätzen persönlich. Im Jahr 1796 wird Soho Foundry eingeweiht. Es ist die erste Maschinenbaufabrik der Welt. Der Industriebetrieb ist beherrscht von Dampfkraft. Besucher, darunter der russische Zar, kommen von weither, um die Herstellungsmethoden zu besichtigen sowie die Präzision der Fertigung und auch die hervorragenden Arbeitsbedingungen, auf die Boulton und Watt besonderen Wert legen.

Um die gewohnte Qualität der Zylinder zu gewährleisten, werben Boulton und Watt mithilfe von Strohmännern etliche von

Wilkinsons Gießern ab. Und da dessen spezielle Bohrtechnik inzwischen keinen Patentschutz mehr genießt, können sie ohne Probleme damit arbeiten. Bis zum Beginn des Jahres 1800 verkaufen Boulton und Watt mit ihren Söhnen mehr als 500 Dampfmaschinen und streichen Lizenzgebühren ein. Watt und Boulton setzen sich im Jahre 1800, nach Ablauf des Patentes, als schwerreiche Männer zur Ruhe und überlassen den Söhnen das Feld.

James Watt hat sich in Handsworth, einem Stadtteil von Birmingham, eine Villa gebaut, bescheidener als Boultons Soho House, das nur wenige hundert Meter entfernt liegt, aber doch großzügig. Er hat es sich nicht nehmen lassen, selbst an den Bauplänen mitzuarbeiten und dabei das Haus seinen besonderen Bedürfnissen anzupassen. So hat er sich zum Beispiel das Dachgeschoss zur Werkstatt ausbauen lassen, wo er an Erfindungen tüftelt, denn nur auszuruhen kommt für ihn auch jetzt nicht infrage.

Die Bildhauerei fasziniert ihn neuerdings. Er wünscht sich, dass Skulpturen und Büsten für jedermann erschwinglich werden, nicht länger nur Unikate sind. Daher beginnt er mit der Arbeit an einer Maschine, die ein einmal hergestelltes Objekt beliebig oft kopieren kann. Zur Serienreife treibt er diese Erfindung nie, und er verkauft kein einziges Exemplar. Doch macht es ihm Freude, mit dem außergewöhnlichen Kopiergerät Skulpturen zu vervielfältigen.

Während sich Watt solchen beschaulichen Tätigkeiten widmet, gehen draußen Ingenieure neue Wege, um noch mehr aus der Dampfmaschine herauszuholen. Bei allem Fortschritt, den seine Maschine gegenüber der alten Version von Newcomen gebracht hat, ist die treibende Kraft im Dampfzylinder immer nur der atmosphärische Druck gewesen. Luftdruck presst den Kolben im Zylinder nach oben, nicht etwa Dampf, der unter Druck gesetzt wird. James Watt weiß zwar, dass enorme expansive Kraft aus Wasser entsteht, wenn es zu Dampf erhitzt wird. Denn das Volumen des Dampfes nimmt gegenüber dem des Wassers gewaltig zu. Doch Watt ist immer davor zurückgeschreckt, die Kräfte des Hochdruckdampfes zu entfesseln, da er fürchtete, sie nicht mehr kontrollieren zu können. Mithilfe seines Patentes hat er bis zum Jahr 1800 verhindern können, dass experimentierfreudige Ingenieure mit Hochdruckdampf hantieren.

Aber nachdem sein Patent abgelaufen ist, haben sich die Verhältnisse geändert. Schon häufig ist ihm vorgeworfen worden, das ganze Potenzial der Dampfmaschine einfach nicht erkennen zu wollen, ja geradezu starrköpfig und konservativ an der schwachen Niederdrucktechnik festzuhalten. Nun stürzen sich die Tüftler ungehindert auf die Dampfmaschine, modifizieren, bauen um und erhöhen die Drücke in Boiler und Leitungen. Jetzt schiebt plötzlich hoher Dampfdruck den Kolben mit ungeahnter Wucht im Zylinder. Watt wird nicht müde, davor zu warnen, dass auf diese Weise Dampfkraft zur Gefahr für Leib und Leben werden kann. Doch vergeblich. Denn der Hunger nach Energie steigt und steigt.

Es kommt so, wie Watt es vorhergesehen hat. Schreckliche Unfälle lassen nicht lange auf sich warten. Alleine in England verlieren zwischen den Jahren 1800 und 1870 bei über 1600 Kesselexplosionen mehr als 5000 Menschen ihr Leben.

Trotzdem ist der Hochdruckdampf nicht aufzuhalten. Denn schon zeigen sich ganz neue Anwendungsbereiche. Nach der Revolutionierung der Produktionsprozesse durch die Dampfkraft steht jetzt das Transportwesen vor einem Umbruch. Schon 1804 präsentiert ein Ingenieur aus Cornwall eine kleine Dampflokomotive, zu früh, um sich wirklich durchzusetzen, aber Anstoß für weitere Entwicklungen. Dann, in den 1830er-Jahren, breitet sich allmählich ein Schienennetz auf den britischen Inseln aus, das nur ein Jahrzehnt später förmlich explodiert. Dampflokomotiven rasen mit beängstigender Geschwindigkeit über die eisernen Trassen, die bald das ganze Land zerschnei-

Solarturmkraftwerk

Heute, rund zweieinhalb Jahrhunderte nach Watts legendärer Erfindung, benötigt die Welt mehr Energie als je zuvor. Doch fossile Brennstoffe gehen zur Neige, und Atomkraft samt der ungelösten Frage der Endlagerung von Atommüll birgt nach wie vor unwägbare Risiken. Bei der Suche nach Alternativen ist die Sonne, die größte natürlich Energiequelle der Menschheit, immer mehr in den Fokus der Forschung gerückt. Wenn es gelänge, die Sonnenenergie zu nutzen, die auf die Fläche der Sahara auftrifft, dann wäre das Energieproblem auch für zukünftige Generationen gelöst, so haben Forscher errechnet. Als eine Technik, mit der die Sonnenenergie in besonderem Maße

den. Züge jagen zwischen Industriekomplexen hin und her, bringen Rohstoffe und fertige Produkte dorthin, wo sie gebraucht werden. Und kurz darauf sitzen auch erste Passagiere in anfangs noch offenen Wagons und erfahren eine ungeahnte Geschwindigkeit.

Auch die gemächlichen Segler und Lastkähne, einst abhängig von Wind und Wetter, stampfen, von Dampfkraft getrieben, unaufhaltsam über die Weltmeere.

Watts Sohn James junior führt mittlerweile erfolgreich die Geschicke des mächtigen Unternehmens, zusammen mit seinem Partner, Matthew Robinson Boulton, dem Sohn von Matthew Boulton. Eine neue Zeit ist angebrochen, ohne schützendes Patent fällt es schwerer, sich Konkurrenten und Ideendiebe vom Leib zu halten. Die Besucherführungen durch Soho Works und Soho Foundry, die ihre Väter gerne und mit Stolz ermöglicht haben, werden von den Söhnen jetzt abgeschafft.

Am 18. August 1809 stirbt im Alter von 80 Jahren James Watts wichtigster Weggefährte Matthew Boulton. Der alte Freund wird, nur einen Steinwurf von Watts Haus entfernt, in der Saint Mary's Chapel im Stadtteil Handsworth in Birmingham beigesetzt.

Noch immer arbeitet James Watt, zumindest für ein paar Stunden pro Tag, in seiner Werkstatt auf dem großen Dachboden. Er vervielfältigt weiterhin Büsten, darunter eine des berühmten Nationalökonomen Adam Smith, den Watt, inzwischen selbst eine Berühmtheit, seinen Freund nennt. Doch mit der Zeit fin-

nutzbar gemacht werden kann, gilt die Solarturmtechnik. In Jülich bei Aachen wird an einem Versuchskraftwerk gebaut, eine weitere Versuchsanlage, die spanische Plataforma Solar bei Almeria, liefert bereits handfeste Forschungsergebnisse. In der Anlage bündeln Hunderte von Spiegeln, verteilt auf einer Fläche von der Größe eines Fußballfeldes, die auftreffenden Sonnenstrahlen. Die Spiegelflächen werden automatisch so gesteuert, dass sie dem Lauf der Sonne folgen und alle das Sonnenlicht auf eine Brennkammer an der Spitze eines Turms lenken. Dort wird Luft auf 700 Grad erhitzt. Mit dieser Hitze wird aus Wasser Wasserdampf erzeugt, der eine herkömmliche Turbine antreibt – im Prinzip also nichts anderes als eine Dampfmaschine.

Solarturmkraftwerk bei Almeria

det er es unkomfortabel dort oben unter dem Dach seines Hauses. Im Winter wird es ihm zu kalt, im Sommer zu heiß.

Er lebt immer mehr zurückgezogen. Am 19. August 1819, zehn Jahre und einen Tag nach Matthew Boultons Tod, stirbt James Watt, der große schottische Erfinder, der seine wichtigsten Erfolge im englischen Birmingham erlebte. Er wird in derselben Kapelle wie sein Freund Boulton beigesetzt. Eine große marmorne Figur, die den sitzenden James Watt zeigt, erinnert dort an den Mann, der sein Leben der Kraft des Dampfes gewidmet hat.

ANHANG

AUSGEWÄHLTE LITERATUR

Verrat in Triest

Bassoe-Hejken, Eroberer der Meere – Ressels Leben für die Technik, Wien 1966

Comité für die Centenarfeier Josef Ressel's (Hrsg.), Josef Ressel – Denkschrift, Wien 1893

Eger, Rudolf, Genie ohne Erfolg: Schicksale großer Erfinder, Einsiedeln 1957, S. 117–143

Keimel, Reinhard, Josef Ressel – Sein Leben und Werk, Wien/Prag 1971

Marschner, Erhard, Josef Ressel – Erfinder der Schiffsschraube, Neustadt an der Aisch 1979

Mayer, Horst Friedrich/Winkler, Dieter, In allen Häfen war Österreich – die Österreichisch-Ungarische Handelsmarine, Wien 1987

Miksch, Willy, Zwischen Rad und Schraube, in: Das Grosse Abenteuer Nr. 16, Wien k.a.

Murko, Vladimir/Sevnik, Franjo/Struna, Albert, Joseph Ressel (1793–1857) – Inventor of the Vessel Screw, Forester and Economist, Ljubljana 1957

Staccioli, Valerio (Hrsg.), Alle soglie della rivoluzione tecnologica: Josef Ressel – un inventore a Trieste, Trieste 1994

Stahlhart zum Atlantik

Benson, Fred H., The Benson Family Records, Syracuse, New York 1920

Chernow, Ron, Titan: The Life of John D. Rockefeller, Sr., New York 1998

Courau, Robert, Der Petroleumkönig Rockefeller. Sein Leben und Kampf um die Weltmacht Öl, Bern/Leipzig/Wien 1935

Crum, Alfred Russell (Hrsg.), Romance of American Petroleum and Gas, Vol. I, New York 1911

Egloff, Gustav, Earth Oil, New York/London 1933

Lignian, M. E., History of ther First Pipeline through Potter County, in: Potter County Historical Society, No. 103, Januar 1992

Lindsley, Russell R., World's First Pipeline tried 55 years ago, Smethport, Pa. 1934

Pierce, Richard A., An Emerson-Benson Saga, Baltimore 1994

Tarbell, Ida Minerva, The History of the Standard Oil Company, New York 1950

Tidewater Topics, Jahrbücher der Tidewater Company; Jahrgänge 1919, 1920, 1921 und 1923

Kampf um den heißen Draht

Bell, Alexander Graham, Lectures Upon the Mechanism of Speech, New York 1906

Boettinger, Henry M., The Telephone Book: Bell, Watson, Vail and American Life 1878 – 1976, New York 1975

Bruce, Robert V., Bell – Alexander Graham Bell and the Conquest of Solitude, Boston 1973

Casson, Herbert N., The History of the Telephone, Chicago 1910

Coe, Lewis, The Telephone and Its Several Inventors, Jefferson 1995

Eber, Dorothy H., Genius at Work: Images of Alexander Graham Bell, New York 1982

Fairchild, David, The World Was My Garden, New York 1938

Grosvenor, Edwin S. / Weeson, Morgan, Alexander Graham Bell – The Life and Times of the Man Who Invented the Telephone, New York 1997

Grosvenor, Gilbert, Biography of Alexander Graham Bell for the Press Association Compilers, März No.24, 1925

Groundwater, Jennifer, Alexander Graham Bell – the Spirit of Invention, Alberta 2005

Pollard, Michael, Alexander Graham Bell – Father of Modern Communication, Woodbridge 2000

Stern, Ellen/Gwathmey, Emily, Once Upon a Telephone: an Illustrated Social History, New York 1994

Watson, Thomas A., The Birth and Babyhood of the Telephone, Boston 1890

Zeitschrift Telephone Pioneers: Alexander Graham Bell, First Telephone Pioneer, März 1947

Sieg der Feuermaschine

Hans L. Sittauer, James Watt, Leipzig 1989

Ben Marsden, Watt's Perfect Engine: Steam and the Age of Invention, Cambridge 2002

Andrew Carnegie, James Watt, New York, 2005

Richard L. Hills, James Watt – Volume 3: Triumph through Adversity, 1785–1819, Ashbourne 1993

H. W. Dickinson und Rhys Jenkins, James Watt and the Steam Engine, Ashbourne 1981

BILDNACHWEIS

akg images 14 links, 34 Mitte/rechts, 38, 56 Mitte, 63 rechts, 110 rechts, 114, 122 rechts, 130 links/Mitte, 133 Mitte

AT & T Archives 122 links

Bridgeman Art 26 links

Drake Well Museum 52, 56 links, 60 links/Mitte, 63 links/Mitte, 66, 74, 78, 82

Getty Images 56 rechts, 90 links, 138 links

Interfoto 42 Mitte, 110 Mitte, 158 Mitte, 162, Mitte 166 links

laif 94 rechts

Library of Congress 102, 133 links, 138 Mitte/rechts

Okresni Museum Chrudim 10 rechts

Pac Bell Archives 96, 98, 106 Mitte/rechts, 126 rechts

Setfoto Engstfilm 26 rechts, 30 links, 34 links, 46 rechts, 70, 86, 90

Soho House Birmingham 142 Mitte

Technisches Museum Wien 23 links

ullstein bild 8, 20 Mitte/rechts, 23 Mitte/rechts, 30 rechts, 42 links/rechts, 46 links, 50, 60 rechts, 94 links, 106 links, 126 links/Mitte, 133 rechts, 140, 142 links/rechts, 146 Mitte/rechts, 150, 154, 158 links/rechts, 162 links/rechts, 166 Mitte/rechts, 170, 174 links/rechts, 178